Ayobamiji Iyiola
Pethuel Atanda

Kontrola jakości stali niskowęglowej

Ayobamiji Iyiola
Pethuel Atanda

Kontrola jakości stali niskowęglowej

Podejście holistyczne

Wydawnictwo Bezkresy Wiedzy

Cover image: www.ingimage.com

This book is a translation from the original published under ISBN 978-620-0-25886-1.

Publisher:
Wydawnictwo Bezkresy Wiedzy
is a trademark of
Dodo Books Indian Ocean Ltd., member of the OmniScriptum S.R.L Publishing group
str. A.Russo 15, of. 61, Chisinau-2068, Republic of Moldova Europe
Printed at: see last page
ISBN: 978-620-0-81396-1

SPIS TREŚCI

ROZDZIAŁ 1

WPROWADZENIE

1.1 INFORMACJE OGÓLNE

W dziedzinie materiałoznawstwa i inżynierii materiałowej jednym z najważniejszych materiałów o szerokim zakresie zastosowań jest stal. Stal jest niezbędnym stopem metali, połączeniem dwóch pierwiastków: żelaza i węgla, podczas gdy inne pierwiastki są obecne w niewielkich ilościach. Te inne pierwiastki stopowe w stali to mangan (maksymalnie 1,65%), krzem (maksymalnie 0,60%) i miedź (maksymalnie 0,60%). Stal jest prawdziwie uniwersalnym materiałem. Wartość stali produkowanej rocznie szacuje się na ponad 400 mld USD, przy czym rocznie produkuje się ponad 1,3 mld ton. W ten sposób stal trafia do światowej gospodarki. Obecnie zapotrzebowanie na stal wzrosło ze względu na nowo wprowadzone masowe projekty budowlane w inżynierii lądowej, mechanicznej, morskiej, lotniczej i w innych dziedzinach inżynierii. Szczególnie w krajach rozwijających się, takich jak Etiopia, Indie i Chiny, materiały stalowe są szeroko stosowane do budowy infrastruktury drogowej, energetycznej, wodnej i telekomunikacyjnej (Bogale i Kidan, 2013).

Stal była produkowana w piecach kwiatowych od tysięcy lat, a jej wykorzystanie znacznie się rozszerzyło po opracowaniu w XVII wieku bardziej efektywnych metod produkcji stali pęcherzykowej, a następnie stali tygielowej. Wraz z wynalezieniem procesu Bessemera w połowie XIX wieku, rozpoczęła się nowa era masowej produkcji stali. Następnie zastosowano proces Siemens-Martin, a następnie proces Gilchrist-Thomas, który udoskonalił jakość stali. Wraz z ich wprowadzeniem, łagodna stal zastąpiła kute żelazo. Dalsze udoskonalenia w tym procesie, takie jak produkcja podstawowej stali tlenowej (BOS), w której ze stopionej surówki bogatej w węgiel powstaje stal, oraz proces Bessemera, w dużej mierze zastąpiły wcześniejsze metody poprzez dalsze obniżenie kosztów produkcji i zwiększenie jakości metalu.

Stal o niskiej zawartości węgla ma te same właściwości co żelazo, jest miękka, ale łatwo się formuje (Smith i Hashemi, 2006). W miarę wzrostu zawartości węgla metal staje się twardszy i mocniejszy, ale mniej plastyczny i trudniejszy do spawania. Wyższa zawartość węgla obniża temperaturę topnienia stali i jej ogólną odporność termiczną. Dlatego też, na podstawie składu węgla w stali, możemy sklasyfikować ją jako stal niskowęglową (łagodną), średniowęglową, wysokowęglową i bardzo wysokowęglową.

Według Smith and Hashemi (2006), stal niskowęglowa ma około 0,05 do 0,25% zawartości węgla i do 0,4% zawartości manganu (np. stal AISI 1018). Jest ona mniej wytrzymała, ale tania i łatwa w kształtowaniu, jej twardość powierzchni można zwiększyć poprzez nawęglanie. Średnia stal węglowa ma około 0,29 do 0,54% zawartości węgla przy 0,60 do 1,65% zawartości manganu (np. stal AISI 1040). Równoważy ona plastyczność i wytrzymałość oraz ma dobrą odporność na ścieranie. Stosowana jest do produkcji dużych części, kuźni i części samochodowych. Stal wysokowęglowa ma około 0,55 do 0,95% zawartości węgla i 0,30 do 0,90% zawartości manganu. Jest bardzo wytrzymała i stosowana do produkcji sprężyn i drutów o wysokiej wytrzymałości. Stal o bardzo wysokiej zawartości węgla zawiera około 0,96 do 2,1% węgla, przetwarzanego specjalnie w celu wytworzenia specyficznych mikrostruktur atomowych i molekularnych.

Stal niskowęglowa jest najbardziej rozpowszechnioną formą stali ze względu na fakt, że jej właściwości materiałowe są akceptowalne w wielu zastosowaniach, takich jak wykonywanie belek i kształtowników konstrukcyjnych dla mostów i budynków (Al-Qawabah i in. 2012). Podczas gdy stal posiada właściwości, które dobrze sprawdzają się w produkcji różnych towarów, najczęściej wykonuje się ją w postaci płaskowalcowanych blach lub taśm stalowych. Przedmioty wykonane ze stali niskowęglowej konkurują z wyrobami, które mogą być produkowane z wykorzystaniem stali nierdzewnej i stopów aluminium. Stal niskowęglowa może być wykorzystana do produkcji szerokiej gamy wytwarzanych produktów, takich jak sprzęt AGD, statek, drut ze stali niskowęglowej oraz śruby i łączniki. Ze względu na niską zawartość węgla, stal ta jest zazwyczaj bardziej ciągliwa niż inne rodzaje stali. W związku z tym może być walcowana w produkty takie jak panele karoserii samochodowych. Jest ona również szeroko stosowana w budownictwie i pracach budowlanych do zbrojenia betonu.

1.2. PRZEDSTAWIENIE PROBLEMU

Niskowęglowa stal jest najobfitszym gatunkiem stali, a także najtańszym gatunkiem stali. Te cechy w połączeniu z innymi jej właściwościami, takimi jak dobra spawalność i obrabialność, ciągliwość sprzyjają jej zastosowaniu w różnych zastosowaniach inżynieryjnych. Są one szeroko stosowane w produkcji belek i kształtowników konstrukcyjnych dla mostów i budynków. W takich zastosowaniach bardzo ważna jest dokładna i precyzyjna zgodność z normami, ponieważ konsekwencje odchyleń od tych norm i specyfikacji często prowadzą do awarii w trakcie eksploatacji.

Godnymi uwagi przykładami są przypadki zawalenia się budynków, szczególnie w Nigerii, które często powodują śmiertelne ofiary śmiertelne i utratę własności. Stąd konieczność przeprowadzenia tych prac z wykorzystaniem holistycznego podejścia do badania jakości stali niskowęglowych produkowanych w wybranych firmach w kraju, poprzez zbadanie ich zachowania mechanicznego i charakterystyki materiałowej.

1.3 CELE PRACY

Te prace badawcze mają na celu przeprowadzenie kompleksowych testów na próbkach stali niskowęglowych produkowanych przez niektóre firmy w Nigerii. Rozpatrywane gatunki stali to: Oxil, Phoenix i Tiger. Zachowanie mechaniczne i charakterystyka materiałowa próbek stali zostały zbadane w ramach następujących celów szczegółowych:

i. Badanie zachowania mechanicznego próbek stali węglowej z trzech wybranych przedsiębiorstw w kraju;
ii. Aby scharakteryzować mikrostrukturę próbek stali węglowych i;
iii. Porównanie wyników badań z normami regulacyjnymi i wymaganiami użytkowymi.
iv. Wyciąganie wniosków i formułowanie zaleceń w oparciu o ustalenia.

1.4 ZAKRES PRAC

Te badania obejmują:

i. Zachowanie mechaniczne próbek stali węglowej wyprodukowanych przez trzy wybrane przedsiębiorstwa zajmujące się walcowaniem stali
ii. Analiza mikrostrukturalna tych próbek węgla.
iii. Porównanie wyników badań z normami regulacyjnymi i wymaganiami użytkowymi

1.5 UZASADNIENIE DLA PRACY

Te prace badawcze obejmują szerszy zakres czynników uznanych za dające zaokrągloną ocenę próbek stali węglowej przed wyciągnięciem wniosków. Przeprowadzono szeroko zakrojone prace nad zachowaniem mechanicznym próbek, poddając je pewnym testom mechanicznym, jak również analizie mikrostrukturalnej i chemicznej, po czym porównano wyniki z międzynarodowymi normami. Wykorzystano również różnej wielkości próbki stali węglowej wyprodukowane przez wybrane firmy.

ROZDZIAŁ 2
PRZEGLĄD LITERATURY

2.1 WPROWADZENIE

Stal węglowa, w szczególności niskoemisyjna, jest bardzo ważnym materiałem wykorzystywanym powszechnie w różnych zastosowaniach, ale niezwykle ważne jest, abyśmy dokonali przeglądu tego bardzo ważnego materiału inżynieryjnego w celu uzyskania głębszej wiedzy i zrozumienia, na czym polegają te prace. Przegląd ten wyszczególnia jego źródło, przetwarzanie, zastosowania i inne ważne aspekty zaczerpnięte z różnych materiałów referencyjnych.

2.2 HISTORIA STALI

Według Kelley'a (1968) zawartość węgla w stali wynosi od 0,05 do 2,1 procent, czyli wystarczająco dużo, aby uczynić ją twardszą od kutego żelaza, ale nie tak bardzo, aby była krucha jak żeliwo. Jej twardość w połączeniu z elastycznością i wytrzymałością na rozciąganie sprawia, że stal jest o wiele bardziej użyteczna niż jakikolwiek inny rodzaj żelaza: jest trwalsza i lepiej trzyma ostre krawędzie niż kute żeliwo, ale jest bardziej odporna na wstrząsy i naprężenia niż żeliwo bardziej kruche. Jednak do połowy XVIII wieku stal była trudna w produkcji i kosztowna. Przed wynalezieniem konwertora Bessemera, stal była produkowana głównie w tzw. procesie cementowania. Sztaby kutego żelaza były pakowane w sproszkowany węgiel drzewny, warstwa po warstwie, w szczelnie przykryte kamienne skrzynie i ogrzewane. Po kilku dniach ogrzewania, kute pręty żelazne wchłaniały węgiel, aby rozprowadzić go równomiernie, metal był łamany, ponownie wiązany proszkiem węglowym i ponownie podgrzewany. Powstała w ten sposób stal pęcherzykowa była następnie ponownie podgrzewana i wprowadzana pod młotek kuźniczy, aby nadać jej bardziej spójną strukturę. W latach 40-tych XX wieku angielski zegarmistrz

Benjamin Huntsman, szukając wyższej jakości stali do produkcji sprężyn zegarowych, odkrył, że stal pęcherzowa może być topiona w tyglach glinianych i dalej rafinowana poprzez dodanie specjalnego topnika, który usuwa drobne cząstki żużla, których nie można usunąć w procesie cementowania. Nazywano to stalą tyglową; była ona wysokiej jakości, ale kosztowna.

Żelazo kute ma odrobinę węgla (0,02 do 0,08 procent), co sprawia, że jest na tyle twarde, że nie traci swojej ciągliwości. Natomiast żeliwo ma dużo węgla (3 do 4,5%), co sprawia, że jest twarde, ale kruche i nieporównywalne. Pomiędzy nimi znajduje się stal, zawierająca od 0,05 do 2,1% węgla, co czyni ją twardszą od kutego żelaza, ale ciągliwą i elastyczną, w przeciwieństwie do żeliwa. Właściwości te sprawiają, że stal jest bardziej użyteczna niż kute lub żeliwne, jednak przed rokiem 1856 nie było łatwego sposobu kontrolowania poziomu węgla w żelazie, tak aby produkować stal tanio i wydajnie. Jednak rozwój kolei w latach osiemdziesiątych XIX wieku stworzył ogromny rynek zbytu dla stali. Pierwsze tory kolejowe biegły po szynach z kutego żelaza, które były zbyt miękkie, aby mogły być trwałe. Na niektórych ruchliwych odcinkach, a na zewnętrznych krawędziach łuków, kute szyny musiały być wymieniane co sześć do ośmiu tygodni. Stalowe szyny byłyby znacznie trwalsze, jednak pracochłonny i energochłonny proces cementowania sprawił, że przy tak dużych zastosowaniach stal stała się zbyt droga.

Masowa produkcja taniej stali stała się możliwa dopiero po wprowadzeniu procesu Bessemera, nazwanego na cześć jego genialnego wynalazcy, brytyjskiego hutnika Sir Henry'ego Bessemera (1813-1898). Bessemer stwierdził, że węgiel w stopionej surówce łatwo łączy się z tlenem, więc silny podmuch powietrza przez stopioną surówkę powinien przekształcić surówkę w stal, zmniejszając jej zawartość węgla. W 1856 r. Bessemer zaprojektował tzw. **konwerter**, duży zbiornik w kształcie gruszki z otworami w dnie, umożliwiający wtrysk sprężonego powietrza. Bessemer napełnił go roztopioną surówką, przepuścił przez roztopiony metal sprężone powietrze i stwierdził, że surówka rzeczywiście została opróżniona z węgla i krzemu w ciągu zaledwie kilku minut; ponadto, zamiast zamarznąć od podmuchu zimnego powietrza, metal stał się jeszcze gorętszy, a więc pozostał roztopiony. Późniejsze eksperymenty innego brytyjskiego wynalazcy, Roberta Musheta, wykazały, że podmuch powietrza faktycznie usunął za dużo węgla i pozostawił za dużo tlenu w stopionym metalu. To spowodowało konieczność dodania związku żelaza, węgla i manganu zwanego spiegeleisen (w skrócie spiegel): mangan usuwa tlen w postaci tlenku manganu, który przechodzi do żużla, a węgiel pozostaje w tyle, przekształcając stopione żelazo w stal. (Ferromangan służy podobnemu celowi.) Podmuch powietrza przez roztopioną surówkę, po którym dodaje się niewielką ilość roztopionego kolca, zamienia w ten sposób całą dużą masę roztopionej surówki na stal w ciągu zaledwie kilku minut, bez konieczności stosowania dodatkowego paliwa (w przeciwieństwie do dni, a także ton dodatkowego paliwa i robocizny, potrzebnych do kaszlu i cementowania).

Jedną z wad początkowego procesu Bessemera było jednak to, że nie usuwał on fosforu z surówki. Fosfor czyni stal nadmiernie kruchą. Dlatego też początkowo proces Bessemera mógł być stosowany tylko do surówki wykonanej z rud nie zawierających fosforu. Rudy te są stosunkowo rzadkie i drogie, ponieważ występują tylko w kilku miejscach (np. w Walii i Szwecji, gdzie Bessemer pozyskiwał rudę żelaza, oraz w górnym Michigan). W 1876 r. Walijczyk Sidney Gilchrist Thomas odkrył, że dodanie do konwertera chemicznie podstawowego materiału, takiego jak wapień, przyciąga fosfor z surówki do żużla, który unosi się na szczycie konwertera, gdzie może być odtłuszczony, w wyniku czego powstaje stal bezfosforowa (nazywana jest to podstawowym procesem Bessemera, czyli podstawowym procesem Thomasa).) To przełomowe odkrycie oznaczało, że ogromne zapasy rudy żelaza z wielu regionów świata mogły być wykorzystane do produkcji surówki dla konwertorów Bessemera, co z kolei doprowadziło do gwałtownego wzrostu produkcji taniej stali w Europie i Stanach Zjednoczonych, na przykład, w 1867 roku, wyprodukowano i sprzedano 460.000 ton szyn z kutego żelaza za 83$ za tonę, tylko

2550 ton szyn stalowych Bessemer, co dało cenę do 170$ za tonę. Natomiast do 1884 roku żelazne szyny praktycznie w ogóle nie były produkowane; szyny stalowe zastąpiły je przy rocznej produkcji 1.500.000 ton sprzedawanych po cenie 32 dolarów za tonę (Kelley, 1968). Geniusz Andrew Carnegie'ego do obniżenia kosztów produkcji doprowadziłby do tego, że przed końcem stulecia ceny wynosiłyby zaledwie 14 dolarów za tonę. (Spadkowi kosztów towarzyszył równie drastyczny wzrost jakości, co zastąpienie żelaznych szyn przez stal: od 1865 do 1905 r. średnia żywotność szyny wzrosła z dwóch lat do dziesięciu, a masa wagonu wzrosła z ośmiu ton do siedemdziesięciu).

Według Kelly'ego (1968) proces Bessemera nie miał pola do popisu, ponieważ wynalazcy szukali dróg wokół patentów (ponad 100 z nich) posiadanych przez Henry'ego Bessemera. W latach 60-tych XIX wieku pojawił się na scenie rywal: proces otwarty, opracowany przede wszystkim przez niemieckiego inżyniera Karla Wilhelma Siemensa. Proces ten polega na przetwarzaniu żelaza w stal w szerokim, płytkim, otwartym piecu (zwanym również piecem gazowym Siemensa, ponieważ był on zasilany najpierw gazem węglowym, a później gazem ziemnym) poprzez dodanie kutego żelaza lub tlenku żelaza do stopionej surówki, aż do zmniejszenia zawartości węgla przez rozcieńczenie i utlenienie. Wykorzystując gazy spalinowe do wstępnego podgrzewania powietrza i gazu przed spalaniem, piec Siemensa mógł osiągać bardzo wysokie temperatury. Podobnie jak w przypadku konwertorów Bessemer, zastosowanie podstawowych materiałów, takich jak wapień w piecach z otwartym węglem, pomaga w usuwaniu fosforu ze stopionego metalu (modyfikacja zwana podstawowym procesem z otwartym węglem). W przeciwieństwie do konwertora Bessemera, który wytwarza stal w jednym pędzie wulkanicznym, proces otwarty trwa godziny i pozwala na okresowe badania laboratoryjne stopionej stali, dzięki czemu stal może być wykonana zgodnie z dokładnymi specyfikacjami klienta co do składu chemicznego i właściwości mechanicznych. Proces otwartego paleniska pozwala również na produkcję większych partii stali niż proces Bessemera i recykling złomu. Ze względu na te zalety, do roku 1900 proces otwartego paleniska w znacznym stopniu zastąpił proces Bessemera. (Po 1960 r. został on z kolei zastąpiony przez podstawowy proces tlenowy, modyfikację procesu Bessemera, w produkcji stali z rudy żelaza, oraz przez elektryczny piec łukowy w produkcji stali ze złomu).

Masowa produkcja taniej stali, możliwa dzięki odkryciom opisanym powyżej (i wielu innym nie wymienionym), zrewolucjonizowała nasz świat. Jej szerokie zastosowania obejmują: koleje, rurociągi naftowe i gazowe, rafinerie, elektrownie, linie energetyczne, linie montażowe, wieżowce, windy, metro, mosty, żelbet, samochody osobowe, ciężarówki, autobusy, wózki, lodówki, pralki, suszarki do ubrań, zmywarki, gwoździe, śruby, wkręty, nakrętki, igły, drut, zegarki, zegary, konserwy, pancerniki, lotniskowce, tankowce, frachtowce morskie, kontenery okrętowe, dźwigi, buldożery, ciągniki, narzędzia rolnicze, ogrodzenia, noże, widelce, łyżki, nożyczki, brzytwy, narzędzia chirurgiczne, łożyska kulkowe, turbiny, wiertła, piły i wszelkiego rodzaju narzędzia.

2.3 WŁAŚCIWOŚCI STALI NISKOWĘGLOWEJ

Ogólnie rzecz biorąc, stal o zawartości węgla od 0,05 do 0,25% jest uważana za stal niskowęglową. Stal niskowęglowa zawiera również perlit i ferryt jako główne składniki. Stal z niską zawartością węgla ma właściwości podobne do żelaza. Wraz ze wzrostem zawartości węgla, metal staje się twardszy i mocniejszy, ale mniej plastyczny i trudniejszy do spawania (Jaypuria, 2009). Poniżej znajdują się krótkie objaśnienia dotyczące dwóch jej istotnych właściwości;

2.3.1 Zdolność do spawania

Stal niskowęglowa ma jedne z najlepszych właściwości spawalniczych spośród wszystkich metali. Powodem tego jest właśnie niska zawartość węgla w metalu. Może być natychmiast spawana we wszystkich konwencjonalnych procesach spawania. (Ponieważ węgiel jest dodawany do stali, stal staje się coraz twardsza. Jest to pożądany rezultat, jeśli stal ma być użyta strukturalnie lub w sytuacji, gdy wytrzymałość ma ogromne znaczenie. Jednakże, im twardsza staje się stal z większą ilością węgla, tym większa jest podatność na pękanie podczas spawania. W związku z tym, stal niskowęglowa nie ma tego problemu.

2.3.2 Formowalność

Stal niskowęglowa posiada również dobrą formowalność. Oznacza to, że można ją łatwo formować w określone kształty za pomocą takich metod jak wylewanie, formowanie i prasowanie. Ponadto, stal niskowęglowa jest używana do hartowania części maszyn, łańcuchów, nitów, wytłoczek, gwoździ, drutu i rur. Możliwość przekształcenia stali w wiele różnych form sprawia, że jest ona dość uniwersalna. W przypadku stosowania stali niskowęglowej, wytrzymałość nie jest głównym problemem, ponieważ w przypadku utraty sztywności, uzyskuje się jej formowalność.

2.4 PRODUKCJA STALI NISKOWĘGLOWEJ

Według Rileya i Mahoneya (2013), podstawowy piec tlenowy (BOF) jest znaną metodą produkcji stali używaną do produkcji większości wysokiej jakości stali niskoemisyjnej na świecie.

Proces produkcji stali z tlenem podstawowym przebiega w następujący sposób:

1. Roztopioną surówkę (czasami nazywaną "gorącym metalem") z wielkiego pieca wlewa się do dużego ogniotrwałego pojemnika zwanego kadzią.
2. Metal w kadzi jest wysyłany bezpośrednio do produkcji stali z tlenem podstawowym lub do etapu obróbki wstępnej. Tlen o wysokiej czystości pod ciśnieniem 100-150 psi (funtów na cal kwadratowy) jest wprowadzany z prędkością naddźwiękową na powierzchnię kąpieli żelaznej za pomocą

chłodzonej wodą lancy, która jest zawieszona w naczyniu i utrzymywana na wysokości kilku stóp nad wanną. Obróbka wstępna gorącego metalu wielkiego pieca odbywa się zewnętrznie w celu redukcji siarki, krzemu i fosforu przed załadowaniem gorącego metalu do konwertera. W zewnętrznej obróbce wstępnej odsiarczania lanca jest opuszczana do stopionego żelaza w kadzi i kilkaset kilogramów sproszkowanego magnezu jest dodawane, a zanieczyszczenia siarki są redukowane do siarczku magnezu w gwałtownej reakcji egzotermicznej. Według Mc Gannona (1971), siarczek jest następnie zgrabiany. Podobna obróbka wstępna jest możliwa w przypadku zewnętrznej desilikonizacji i zewnętrznej dephosforyzacji przy użyciu zgorzeliny młyńskiej (tlenek żelaza) i wapna jako topników. Decyzja o przeprowadzeniu obróbki wstępnej zależy od jakości gorącego metalu i wymaganej jakości końcowej stali.

3. Napełnianie pieca składnikami nazywa się ładowaniem. Proces BOS jest autogeniczny, tzn. podczas procesu utleniania wytwarzana jest wymagana energia cieplna. Utrzymanie odpowiedniej równowagi wsadu, czyli stosunku gorącego metalu, od stopionego, do zimnego złomu, jest więc bardzo ważne. Zbiornik BOS można przechylać do 360° i odchylać w kierunku strony odżużlającej do ładowania złomu i gorącego metalu. W razie potrzeby zbiornik BOS jest ładowany złomem stalowym lub żelaznym (25%-30%). Stopione żelazo z kadzi jest dodawane w zależności od potrzeb do wagi wsadowej. Typowa chemia gorącego metalu ładowanego do zbiornika BOS to: 4% C, 0.2-0.8% Si, 0.08-0.18% P, i 0.01-0.04% S, z których wszystkie mogą być utlenione przez dostarczony tlen z wyjątkiem siarki (wymaga warunków redukujących).
4. Następnie naczynie jest ustawiane w pozycji pionowej, a chłodzona wodą, miedziana lanca z 3-7 dyszami opuszczana jest w dół i dostarczany jest do niego tlen o wysokiej czystości z prędkością naddźwiękową. Lanca

"wydmuchuje" 99% czystego tlenu na gorący metal, zapalając węgiel rozpuszczony w stali, tworząc tlenek węgla i dwutlenek węgla, powodując wzrost temperatury do około 1700°C. W ten sposób topi się złom, obniża się zawartość węgla w stopionym żelazie i pomaga usunąć niepożądane elementy chemiczne. To właśnie to wykorzystanie czystego tlenu zamiast powietrza poprawia proces Bessemera, ponieważ azot (szczególnie niepożądany pierwiastek) i inne gazy w powietrzu nie reagują z ładunkiem (Mc Gannon, 1971).

5. Topniki (wapno palone lub dolomit) są podawane do zbiornika w celu utworzenia żużlu, utrzymania zasadowości powyżej 3 i absorpcji zanieczyszczeń podczas procesu produkcji stali. Podczas "wydmuchiwania", spalanie metalu i topników w zbiorniku tworzy emulsję, która ułatwia proces rafinacji. Pod koniec cyklu rozdmuchiwania, który trwa około 20 minut, mierzona jest temperatura i pobierane są próbki. Typowa chemia dmuchanego metalu wynosi 0,3-0,9% C, 0,05-0,1% Mn, 0,001-0,003% Si, 0,01-0,03% S i 0,005-0,03% P.
6. Zbiornik BOS jest przechylany na stronę odbierającą żużel, a stal wlewana jest przez otwór kranowy do kadzi stalowej z podstawową, ogniotrwałą wykładziną. Proces ten nazywany jest stukaniem stali. Stal jest dalej rafinowana w piecu kadziowym, poprzez dodanie materiałów stopowych, aby nadać jej specjalne właściwości wymagane przez klienta. Czasami argon lub azot jest pęcherzykany do kadzi, aby stopki zmieszały się prawidłowo.
7. Po wylaniu stali z naczynia BOS, żużel wlewa się do garnków na żużel przez otwór wylotowy naczynia BOS i wyrzuca.

2.5 PRÓBA ROZCIĄGANIA

Zachowanie się materiału w stanie plastycznym mierzy się zazwyczaj poprzez przeprowadzenie próby rozciągania. Sprzęt do prób rozciągania jest standardem we wszystkich laboratoriach inżynieryjnych (Ashby i Jones, 1996). Próba rozciągania jest badaniem statycznym, ponieważ siła jednoosiowa jest przyłożona w stosunkowo krótkim czasie i jest przyłożona na tyle powoli, że prędkość badania może być uznana za mającą praktycznie nieistotny wpływ na wyniki. W prostej próbie rozciągania operacja ta polega na uchwyceniu przeciwległych końców próbki materiału i rozerwaniu jej na części. Podczas próby rejestrowane są obserwacje przyłożonej siły dla odpowiedniego wydłużenia. Naprężenia, odkształcenia, % wydłużenia, % zmniejszenia powierzchni są obliczane na podstawie pierwotnych wymiarów. Następnie wykreślany jest wykres naprężenie-odkształcenie, a informacje uzyskane z tego wykresu pozwalają na porównanie odpowiednich właściwości mechanicznych różnych materiałów ze sobą.

2.5.1 Maszyna testująca

Najczęściej stosowanymi maszynami wytrzymałościowymi są testery uniwersalne, które badają materiały podczas rozciągania, ściskania lub zginania. Ich podstawową funkcją jest tworzenie krzywej naprężenie-odkształcenie. Maszyny wytrzymałościowe są zarówno elektromechaniczne jak i hydrauliczne. Główną różnicą jest metoda, za pomocą której przykładane jest obciążenie. Maszyny elektromechaniczne są oparte (Hosford, 1992) na silniku elektrycznym o zmiennej prędkości obrotowej, układzie przekładni redukcyjnej oraz jednej, dwóch lub czterech śrubach, które poruszają trawersem w górę lub w dół. Ruch ten powoduje obciążenie próbki podczas rozciągania lub ściskania. Prędkości trawersy mogą być zmieniane poprzez zmianę prędkości obrotowej silnika. W celu dokładnej kontroli prędkości obrotowej trawersy można zastosować mikroprocesorowy układ serwoelektryczny z pętlą zamkniętą.

Hydrauliczne maszyny kontrolne (rys. 2.1) bazują na jedno- lub dwustronnie działającym tłoku, który porusza trawersem w górę lub w dół. Jednakże, większość statycznych hydraulicznych maszyn wytrzymałościowych posiada tłok lub siłownik jednostronnego działania. W maszynie obsługiwanej ręcznie operator reguluje kryzę zaworu iglicowego ze skompensowanym ciśnieniem w celu kontroli prędkości obciążenia. W zamkniętym układzie hydraulicznym serwozawór iglicowy jest zastępowany przez elektrycznie sterowany serwozawór w celu precyzyjnego sterowania. Ogólnie rzecz biorąc, maszyny elektromechaniczne są w stanie osiągać szerszy zakres prędkości testowych i dłuższe przemieszczenia trawersy, podczas gdy maszyny hydrauliczne są bardziej ekonomiczne w generowaniu większych sił (Hosford, 1992).

2.5.2Obliczenia w próbie rozciągania

Aby uzyskać naprężenia i odkształcenia inżynierskie, stosuje się następujący wzór:

$$\text{Stres inżynieryjny, } \sigma = \frac{\text{zastosowany ładunek}}{A} \quad \text{(i)}$$

Gdzie A jest pierwotnym polem przekroju poprzecznego

$$\text{Naprężenie inżynieryjne, } \varepsilon = \frac{\text{Rozszerzenie}}{\text{pierwotna długość}} \quad \text{(ii)}$$

Gdzie wydłużenie = długość końcowa - długość oryginalna

$$\text{Procentowe wydłużenie} = \frac{\text{Długość końcowa} - \text{długość nominalna}}{\text{Oryginalna długość}} \times 100 \quad \text{(iii)}$$

Istnieją dwie ważne właściwości mechaniczne, które można obliczyć na podstawie otrzymanej działki:

Granica plastyczności to punkt, w którym rozpoczyna się odkształcenie plastyczne, tj. koniec liniowego obszaru wykresu naprężenie-odkształcenie. Można go obliczyć za pomocą poniższego wzoru:

$$\text{Yield point} = \frac{\text{Obciążenie przy plonie}}{A} \quad \text{(iv)}$$

(Engineering) Ostateczna wytrzymałość na rozciąganie, UTS =

$$\frac{\text{Maksymalne obciążenie}}{A} \quad \text{(v)}$$

Gdzie A to pierwotny przekrój poprzeczny.

2.6 BADANIE TWARDOŚCI

Zostało to omówione w następujących podpozycjach:

2.6.1 Znaczenie twardości

Twardość nie jest podstawową właściwością metalu i różni się znaczeniem w zależności od metody pomiaru. Jednak jest to efekt kilku podstawowych właściwości i wydaje się być dość ściśle związane z wytrzymałością nominalną. Pomiar twardości jest bardzo użyteczną metodą nieniszczącą do sprawdzania nominalnej wytrzymałości materiału i dlatego jest również przydatna do sprawdzania jakości różnych zabiegów hutniczych, na przykład obróbki cieplnej, pracy na zimno (O'Neil, 1967).

Szereg różnych arbitralnych definicji twardości stanowi podstawę dla różnych stosowanych obecnie testów twardości. Niektóre z tych definicji są:

1. Odporność na stałe wgniecenie pod wpływem siły statycznej lub dynamicznej - Twardość wgniecenia.
2. Pochłanianie energii pod wpływem siły uderzenia - Twardość odbita.
3. Odporność na zadrapania. - Twardość zadrapań.
4. Odporność na ścieranie - Twardość zużycia.
5. Odporność na cięcie lub wiercenie - Obrabialność.

2.6.2 Stosowanie badań twardości

Wyniki próby twardości mogą być wykorzystane w następujący sposób:

- Podobne materiały mogą być klasyfikowane w zależności od twardości, a dla jednego typu pracy można określić konkretny gatunek wskazany w badaniu.
- Poziom jakości materiałów lub produktów może być sprawdzany lub kontrolowany za pomocą badań twardości. W ten sposób można określić zarówno jednorodność próbek metalu, jak i jednorodność w obrębie jednej próbki.
- Ustalając korelację pomiędzy twardością a innymi pożądanymi właściwościami, np. wytrzymałością na rozciąganie, prostsza próba twardości daje miarę pożądanej właściwości. Korelacje dotyczą jednak tylko pewnej grupy materiałów, na których wcześniej wykonano badania; rzadko należy dokonywać ekstrapolacji z relacji empirycznych, a następnie tylko z dużą ostrożnością.

2.6.3 Próba twardości w kierunku przeciwnym do ruchu wskazówek zegara

Test twardości Rockwella jest najczęściej stosowaną metodą pomiaru twardości, ponieważ jest tak prosty w wykonaniu i nie wymaga żadnych specjalnych umiejętności (Callister, 2007). Jest to jeden z najszybszych i najwygodniejszych testów twardości, ale niestety wyniki odnoszą się do dowolnych skal, które nie są bezpośrednio porównywalne ze sobą, ponieważ różnią się kształtem wgłębnika lub warunkami obciążenia. Twardościomierz firmy Rockwell pokazano na rysunku 2.2. System jest bezpośrednim odczytem dzięki temu, że głębokość wgłębienia jest mierzona i pokazywana na tarczy wskaźnikowej, która jest wyskalowana odwrotnie na 100 lub 120 jednostek twardości, przy czym każda jednostka reprezentuje głębokość 2 mikrometrów.

Liczba twardości opiera się na wzroście głębokości, który następuje po zwiększeniu obciążenia początkowego (zwykle 10 kg) o drugie obciążenie. Istnieje dziewięć skal twardości Rockwella, każda z nich reprezentuje inną kombinację obciążenia odciążającego i wgłębnika. Diamentowy wgłębnik ma kąt stożka 1200 przy szlifowanym kulistym wierzchołku o promieniu 0,2 mm. Stożkowi nadano nazwę BRALE. Najczęściej stosowanymi skalami są A, B i C.

Zalety testu

- Nie ma żadnego błędu wynikającego z odkształcenia i deformacji wokół wgłębienia, jak to ma miejsce w przypadku testów Brinella i Vickersa.
- Jest on szybszy niż testy Vickersa i Brinella, ponieważ daje arbitralne odczyty bezpośrednie.
- Jest to prosty test, ponieważ do uzyskania numeru twardości nie jest wymagane ani obliczenie, ani odniesienie do tabeli.

- Ze względu na wpływ niewielkiego obciążenia twierdzi się, że słabe wykończenie powierzchni nie wpływa negatywnie na wyniki badań w takim samym stopniu jak w innych systemach badawczych.
- Podobnie jak w przypadku testu Vickersa, diamentowy wgłębnik umożliwia testowanie bardzo twardych metali.

Ograniczenia testu

- Dla zapewnienia dokładności, liczba ta powinna wynosić od 20 do 70 w skali C, ale od 0 do 100 może być stosowana w skalach A i B.
- Olej lub brud na powierzchniach podporowych próbki lub kowadełku urządzenia może powodować niedokładne odczyty.
- Wielkość osobników ograniczona wielkością kowadełka.
- Nie ma bezpośredniego związku pomiędzy różnymi skalami.
- Numer twardości nie ma znaczenia, jeśli litera skali zostanie pominięta w wyniku.

2.6.4Brylantowa próba twardości

Twardość próby Brinella, która jest pierwszą powszechnie akceptowaną i znormalizowaną próbą wgłębienia - twardość została zaproponowana przez J.A. Brinella w 1900 roku (Dieter, 1988). W próbach Brinella, podobnie jak w pomiarach Rockwella, twardy, kulisty wgłębnik jest wciskany w powierzchnię badanego metalu. Średnica hartowanego stalowego (lub węglika wolframu) wgłębnika wynosi 10,00 mm (0,394 cala). Standardowe obciążenia wahają się od 500 do 3000 kg w odstępach co 500 kg; podczas testu obciążenie jest utrzymywane na stałym poziomie przez określony czas (od 10 do 30s). Twardsze materiały wymagają większych obciążeń. Liczba twardości Brinella, HB, jest funkcją zarówno wielkości obciążenia jak i średnicy powstałego wgniecenia. Średnica ta jest mierzona za pomocą specjalnego mikroskopu małej mocy, przy użyciu skali, która jest wytrawiana na okularze. Zmierzona średnica jest następnie przeliczana na odpowiednią liczbę HB za pomocą wykresu; w tej technice stosuje się tylko jedną skalę.

Dostępne są półautomatyczne techniki pomiaru twardości Brinella. Wykorzystują one optyczne systemy skanowania składające się z kamery cyfrowej zamontowanej na elastycznej sondzie, która umożliwia pozycjonowanie kamery nad wgłębieniem. Dane z kamery są przesyłane do komputera, który analizuje wgłębienie, określa jego wielkość, a następnie oblicza numer twardości Brinella. Dla tej techniki wymagania dotyczące wykończenia powierzchni są zazwyczaj bardziej rygorystyczne niż dla pomiarów ręcznych (Callister, 2007).

Maksymalna grubość próbki oraz pozycja wgłębienia (względem krawędzi próbki) i minimalny odstęp między wgłębieniami są takie same jak w przypadku badań Rockwella. Dodatkowo, wymagane jest dobrze zdefiniowane wgłębienie; wymaga to gładkiej, płaskiej powierzchni, w której wykonane jest wgłębienie.

2.6.5 Badania mikrowentylacyjne Knoopa i Vickersa

Dwie inne techniki badania twardości to Knoop i Vickers (czasami nazywane również piramidą diamentową). Dla każdej próby, bardzo mały diamentowy wgłębnik o geometrii piramidy jest wtłaczany w powierzchnię próbki. Przyłożone obciążenia są znacznie mniejsze niż w przypadku Rockwella i Brinella i wynoszą od 1 do 1000 g. Uzyskany wynik jest obserwowany pod mikroskopem i mierzony; pomiar ten jest następnie przeliczany na wartość twardości. Dokładne przygotowanie powierzchni próbki (szlifowanie i polerowanie) może być konieczne w celu zapewnienia dobrze zdefiniowanego wgłębienia, które może być dokładnie zmierzone. Numery twardości Knoopa i Vickersa są oznaczone odpowiednio przez HK i HV, a skale twardości dla obu technik są w przybliżeniu równoważne. Według Callister (2007), Knoop i Vickers są określane jako metody badania mikrotwardości na podstawie wielkości wgłębienia. Obie techniki nadają się dobrze do pomiaru twardości małych, wyselekcjonowanych regionów próbek; ponadto Knoop jest używany do badania materiałów kruchych, takich jak ceramika.

Nowoczesny sprzęt do badania twardości mikrotwardości wgłębień został zautomatyzowany poprzez połączenie aparatu do badania twardości wgłębień z analizatorem obrazu, który zawiera pakiet komputerowy i programowy. Oprogramowanie kontroluje ważne funkcje systemu, takie jak lokalizacja wgłębień, odstępy między wgłębieniami, obliczanie wartości twardości i wykreślanie danych.

2.6.6Zależność między twardością a wytrzymałością na rozciąganie

Zarówno wytrzymałość na rozciąganie, jak i twardość są wskaźnikami odporności metalu na odkształcenia plastyczne. Zasadą dla większości stali jest powiązanie HB i wytrzymałości na rozciąganie zgodnie z poniższymi równaniami:

$$TS\ (MPa) = 3{,}45 \times HB \quad (vi\ )$$

$$TS\ (Psi) = 500 \times HB \quad (vii)$$

2.7 BADANIE UDARNOŚCI

Chociaż wiele konstrukcji jest w pewnym momencie poddawanych siłom dynamicznym, wiele maszyn i części maszyn jest często poddawanych takim siłom. Zachowanie się materiałów pod wpływem sił dynamicznych może czasami znacznie różnić się od ich zachowania się pod wpływem sił statycznych lub wolno działających. Ważnym rodzajem siły dynamicznej jest ta, w której siła jest przyłożona nagle, jak od uderzenia ruchomej masy. W projektowaniu wielu rodzajów konstrukcji i maszyn, które muszą przyjmować siłę uderzenia, celem jest zapewnienie pochłaniania jak największej ilości energii poprzez działanie sprężyste, a następnie odpowiedź na pewien rodzaj tłumienia w celu jej rozproszenia.

W większości badań stosowanych do wyznaczenia charakterystyki energochłonności materiałów poddawanych działaniu siły uderzenia, obiekt ma za zadanie wykorzystać energię uderzenia do spowodowania pęknięcia lub złamania badanej próbki. Właściwość materiału związana z pracą wymaganą do spowodowania pęknięcia została wyznaczona jako wytrzymałość na rozciąganie i jest możliwa do wyznaczenia z obszaru pod krzywą naprężenie-odkształcenie. Jednakże, prędkość, z jaką energia jest pochłaniana przez materiał poddawany naprężeniom, może mieć istotny wpływ na zachowanie się materiału. W związku z tym, można uzyskać inne miary twardości pod wpływem obciążenia udarowego niż pod wpływem obciążenia statycznego.

2.7.1 Elementy testowe

W celu wywołania pęknięcia pod jednym uderzeniem, szczególnie w przypadku metali ciągliwych, badane elementy są karbowane. Użycie karbu powoduje wysoką lokalną koncentrację naprężeń, sztucznie zmniejsza plastyczność, powoduje, że większość energii zerwania jest pochłaniana w zlokalizowanym obszarze próbki i ma tendencję do indukowania kruchego rodzaju złamania. Skłonność materiału ciągliwego do zachowywania się jak materiał kruchy jest czasami określana jako **wrażliwość na karbowanie**.

Materiały, które mają praktycznie identyczne właściwości w statycznych próbach rozciągania lub nawet w próbach udarności na rozciąganie w stanie nieuszkodzonym, czasami wykazują znaczne różnice we wrażliwości na karby. Próby udarności z karbem nie dostarczają wielu informacji ilościowych, ale dają wyniki jakościowe w warunkach zbliżonych do nasilenia obciążenia, jakie może napotkać konstrukcja inżynieryjna w pewnych warunkach. Ponadto, w przypadku tego rodzaju badań, istnieje bardzo wyraźny spadek energii pomiędzy pęknięciem plastycznym i kruchym, co sprawia, że granice zakresu przejściowego są stosunkowo łatwe do określenia. Z obu tych powodów, w połączeniu z szybkością i prostotą większości tych badań, są one często wykorzystywane jako badania kontrolne i odbiorcze.

2.7.2Typy próby udarności

Najczęściej stosowanymi próbami udarności dla stali są próba **Izoda** oraz próba **Charpy'ego, w** obu przypadkach z zastosowaniem systemu wahadłowego i pojedynczego uderzenia. Podstawowe cechy maszyny wytrzymałościowej do badań udarności z pojedynczym uderzeniem wahadłowym są następujące:

- Ruchoma masa, której energia kinetyczna jest wystarczająco duża, aby spowodować pęknięcie próbki umieszczonej na jej drodze.
- Kowadło i podpora, na której umieszczona jest próbka w celu otrzymania ciosu.
- Sposób pomiaru energii resztkowej masy ruchomej po rozerwaniu próbki.

2.7.3Izod Próba udarności

Maszyna do prób udarności Izoda posiada kołysanie się młota o masie 27,2 kgf z wysokości 0,6 m nad miejscem uderzenia. Próbka jest podparta jako wspornik z karbem skierowanym w stronę młota. Energia pochłonięta podczas uderzenia, gdy próbka jest złamana lub wygięta, jest określana poprzez odjęcie łuku huśtawki powyżej pozycji uderzenia od oryginalnego łuku podnoszenia młota przed zwolnieniem. Rzeczywista wartość w "dżulach" jest zazwyczaj wskazywana bezpośrednio na skali, przy czym maksymalna wskazówka jest przenoszona przez wahadło młota do przodu. Standardowa próbka Izod ma przekrój 10 mm kwadratowy lub 11,43 mm średnicy. Nacięcie ma kąt 45', głębokość 2 mm (0,33 mm dla próbki okrągłej) i promień korzenia 0,25 mm. Istnieje pewna trudność związana ze zmianą warunków temperaturowych próby, głównie z tego powodu, ale również, częściowo z powodu wadliwego działania systemu obciążania wsporników, a częściowo z powodu niskiej prędkości uderzenia (3 do 4 m/s), próba nie jest stosowana w takim zakresie, w jakim była stosowana. Wciąż jednak stosuje się ją do badań odbiorczych w temperaturze pokojowej, ponieważ próbka okrągła jest łatwiejsza do przygotowania niż próbka o przekroju kwadratowym.

2.7.4 Próba udarności Charpy'ego

W tym teście używa się maszyny podobnej w zasadzie do Izoda. Wahadło posiada prędkość uderzeniową od 5 do 5,5 m/s. Standardowa próbka Charpy'ego ma przekrój 10 mm kwadratowy i posiada nacięcie o głębokości 2 mm. Próbka jest podparta na prostej belce z karbem skierowanym w stronę młota. Ze względu na to, że próbka spoczywa na boku w pozycji uderzającej, może być umieszczona bardzo szybko, co ułatwia prowadzenie badań w różnych temperaturach, szczególnie w temperaturach poniżej zera.

2.8 CHARAKTERYSTYKA MIKROSTRUKTURALNA

Według Smallmana i biskupa (1999), określenie strukturalnego charakteru materiału, czy to masywnego w formie, czy cząstkowego, krystalicznego czy szklistego, jest główną działalnością materiałoznawstwa. Ogólne podejście przyjęte w większości technik polega na badaniu materiału za pomocą wiązki promieniowania lub cząstek wysokoenergetycznych. Promieniowanie ma charakter elektromagnetyczny i może być monochromatyczne lub polichromatyczne: widmo elektromagnetyczne wygodnie wskazuje na szeroki wybór dostępnej energii. Długości fal (λ) wahają się od ciepła, przez zakres widzialny (λ= 700-400 nm) do penetrującego promieniowania rentgenowskiego. Wykorzystując ważną zależność de Broglie'a (λ =h/mv), która wyraża dwoistość częstotliwości promieniowania i pędu cząsteczek, można zastosować pojęcie długości fali do strumienia elektronów.

Mikroskop, w różnych formach, jest głównym narzędziem naukowca od materiałów. Powiększenie obrazu wytwarzanego przez mikroskop elektronowy może być bardzo duże, jednak czasami skromne powiększenie wytwarzane przez lekki stereomikroskop może być wystarczające do rozwiązania problemu. W praktyce, mikroskopista przywiązuje większą wagę do rozdzielczości niż do powiększenia, to znaczy do zdolności mikroskopu do rozróżniania drobnych szczegółów. W danym mikroskopie zwiększenie powiększenia powyżej pewnej granicy nie ujawni dalszych szczegółów strukturalnych; takie powiększenie mówi się jako "puste". Oko ludzkie ma rozdzielczość około 0,1 mm: rozdzielczość światła (Smallman i Bishop, 1999) mikroskopów i mikroskopów elektronowych wynosi odpowiednio około 200 nm i 0,5 nm. W celu postrzegania lub wyobrażenia sobie cechy strukturalnej konieczne jest, aby długość fali promieniowania sondującego była podobna do długości fali tej cechy. Innymi słowy, rozdzielczość jest funkcją długości fali.

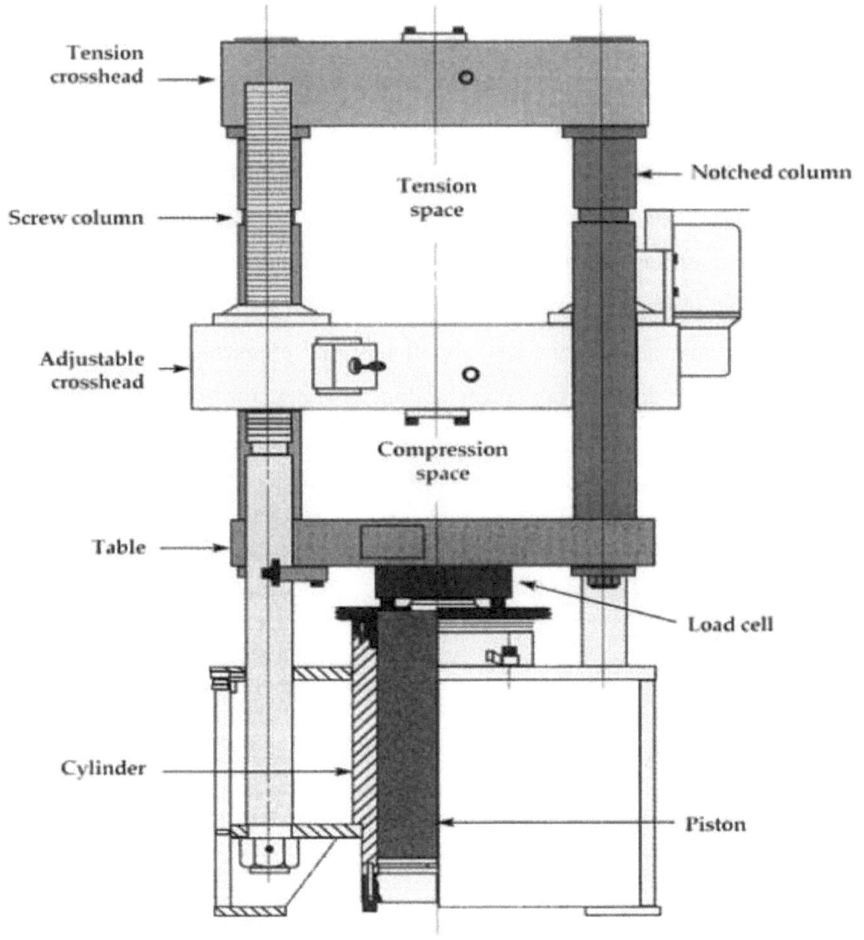

Rysunek 2.1: Elementy hydraulicznej uniwersalnej maszyny wytrzymałościowej (zaadaptowane z ASTM International, Próba rozciągania, wydanie drugie (#05106G), str.3. Copyright © 2004 by ASM International, Materials Park, Ohio, USA)

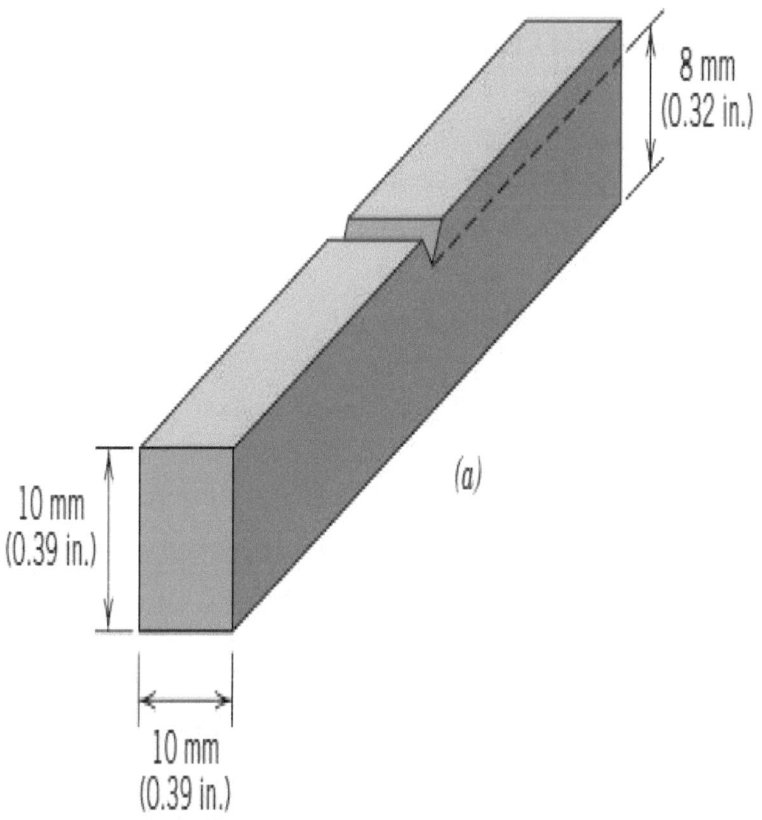

Rysunek 2.2: Próbka do prób udarności Charpy'ego i Izoda (zaadaptowana z Callister, William D. Jr. Material Science and Engineering: An Introduction, 7th Edition; s. 224. Copyright © 2007 by John Wiley & Sons, New York).

ROZDZIAŁ 3
METODOLOGIA

3.1 STOSOWANE MATERIAŁY

Materiałami, z których wykonano prace były próbki stali węglowej wyprodukowane przez trzy wybrane walcownie, w tym także stalowe:

1. Phoenix Steel Mills Limited, stan Ogun, Nigeria
2. Tiger TMT Steel produkowany przez African Foundries Limited, stan Ogun, Nigeria
3. Oxil Steel Company, stan Lagos, Nigeria

Próbki poddano częściowym badaniom mechanicznym obejmującym próbę rozciągania, próbę twardości, próbę udarności i próbę zmęczeniową oraz analizę metalograficzną. Przeprowadzono również charakterystykę mikrostruktury próbek stali węglowej.

3.2 WYMAGANY SPRZĘT I URZĄDZENIA

Urządzenia, które zostały użyte do badań w tym projekcie to: maszyna wytrzymałościowa do rozciągania firmy Instron, tokarka, maszyna wytrzymałościowa do badań udarności zrównoważonych firmy Housefield, twardościomierz Brinella, suwmiarka Verniera, piła łańcuchowa, spektrometr oraz mikroskop metalurgiczny.

3.3 DOSTĘPNOŚĆ SPRZĘTU

Tabela 3.1 przedstawia sprzęt wykorzystywany do badań w ramach tego projektu oraz miejsca, w których jest on dostępny.

Tabela 3.1: Stosowany sprzęt i jego dostępność

S/N	WYPOSAŻENIE	DOSTĘPNOŚĆ
1.	Maszyna wytrzymałościowa do prób rozciągania firmy Instron	Centre for Energy Research and Development (C.E.R.D.), Obafemi Awolowo University, Ile-Ife, Osun State, Nigeria.
2.	Tokarka	Wydział Inżynierii Mechanicznej i Rolniczej, Uniwersytet Obafemi Awolowo, Ile-Ife, stan Osun, Nigeria.
3.	Suwmiarka Vernier Calliper	Wydział Materiałoznawstwa i Inżynierii, Uniwersytet Obafemi Awolowo, Ile-Ife, stan Osun, Nigeria
4.	Maszyna do prób udarności z wyważeniem Housefielda	Wydział Materiałoznawstwa i Inżynierii, Uniwersytet Obafemi Awolowo, Ile-Ife, stan Osun, Nigeria
5.	Hacksaw	Wydział Materiałoznawstwa i Inżynierii, Uniwersytet Obafemi Awolowo, Ile-Ife, stan Osun, Nigeria.
6.	Tester twardości Brinella	Wydział Materiałoznawstwa i Inżynierii, Uniwersytet Obafemi Awolowo, Ile-Ife, stan Osun, Nigeria.
7.	Spektrometr	Universal Steels Limited, Ikeja, stan Lagos, Nigeria.

8.	Mikroskop metalurgiczny Olympus	Wydział Materiałoznawstwa i Inżynierii, Uniwersytet Obafemi Awolowo, Ile-Ife, stan Osun, Nigeria.

3.4 STOSOWANA METODA

Pierwszym krokiem było uzyskanie próbek stali węglowej produkowanej przez trzy wybrane walcownie. Analiza chemiczna próbek została przeprowadzona w Universal Steels Limited w Ikeja, Lagos, Nigeria. Następnie próbki z trzech walcowni zostały poddane obróbce mechanicznej zgodnie z wymogami próby rozciągania i udarności. Dwie próbki z każdej z trzech walcowni przygotowano do każdej z prób rozciągania, udarności i twardości, jak również do analizy mikrostrukturalnej za pomocą metalografii.

3.4. 1C Analiza chemiczna

Niewielka część próbek została wycięta i przeprowadzono analizę chemiczną próbek za pomocą spektrometru w Universal Steel Limited w Ikeja, Lagos. Analiza chemiczna ujawniła skład chemiczny próbek, tj. procentowy skład każdego z pierwiastków obecnych w próbkach.

3.4. 2Próba rozciągania próbek

Próbki do badań w próbie rozciągania zostały przygotowane zgodnie z wymaganiami wymiarowymi maszyny wytrzymałościowej firmy Instron poprzez obróbkę mechaniczną przy użyciu tokarki. Próbki standardowe posiadały powiększone końce lub ramiona do mocowania (rysunek 3.1). Ważną częścią próbki jest przekrój pomiarowy. Przekrój poprzeczny przekroju poprzecznego został zmniejszony w stosunku do przekroju pozostałej części próbki, dzięki czemu odkształcenie i zniszczenie zostało zlokalizowane w tym obszarze.

Standardowe próbki do prób rozciągania zostały poddane próbie rozciągania przy użyciu maszyny wytrzymałościowej firmy Instron oraz wykreślono krzywą naprężenie-odkształcenie, na podstawie której wyznaczono procentowe wydłużenie (plastyczność), granicę plastyczności oraz wytrzymałość na rozciąganie.

3.4.3 Badanie twardości próbek

Polega to na obciążeniu wgłębnika (spiczastego diamentu lub hartowanej kulki stalowej) i wciśnięciu go w powierzchnię badanego materiału (rysunek 3.2). Im dalej w głąb materiału zagłębia się wgłębnik, tym bardziej miękki jest materiał i tym niższa jest jego granica plastyczności.

Próba twardości została przeprowadzona przy użyciu ręcznie obsługiwanego twardościomierza Brinella. Mała cylindryczna część próbek z każdej z trzech walcowni została pocięta i zeszlifowana w celu uzyskania płaskiej powierzchni, po czym została wgnieciona przez 10 mm hartowaną kulę stalową pod obciążeniem 750 kgf na okres około 15 sekund. Następnie próbki usunięto z testera twardości Brinella, po czym odczytano średnicę wgłębienia za pomocą mikroskopu Brinella. Wartość twardości określano poprzez korelację średnicy wgłębienia z odpowiadającą jej wartością twardości z tabeli Standardowej liczby twardości Brinella. W celu potwierdzenia tych wartości twardości obliczono je również za pomocą poniższego wzoru.

$$BHN = \frac{2F}{\pi D[D - \sqrt{(D^2 - d^2)}]} \quad \text{(viii)}$$

Gdzie

F to obciążenie użytkowe (w kg).

D to średnica kulistego wgłębnika (w mm).

d to średnica wycisku wgłębnika (w mm).

3.4. 4Badanie skuteczności próbek

Do tej pracy wykorzystano próbę udarności Izoda. Próbka została nacięta ręcznie za pomocą pilnika przymocowanego na stałe do zacisku w warsztacie, po czym mocowana jest na maszynie wytrzymałościowej do badań udarności w pozycji poziomej, ze środkiem nacięcia w kształcie litery "V" na próbce w linii z górną powierzchnią szczęk maszyny wytrzymałościowej do badań udarności. Następnie z pozycji spoczynkowej zwalniane jest ważone wahadło, które uderza w próbkę w części z karbem. Następnie rejestrowana jest energia zaabsorbowana do zniszczenia próbki.

3.4.5Mikrostrukturalna charakterystyka próbek

Aby przygotować próbki, wycięto ich małe części, po czym poddano je szlifowaniu przy użyciu szmatki, a następnie wypolerowano i wytrawiono przy użyciu NITALU, po czym mikrostruktury zbadano przy użyciu mikroskopu metalurgicznego.

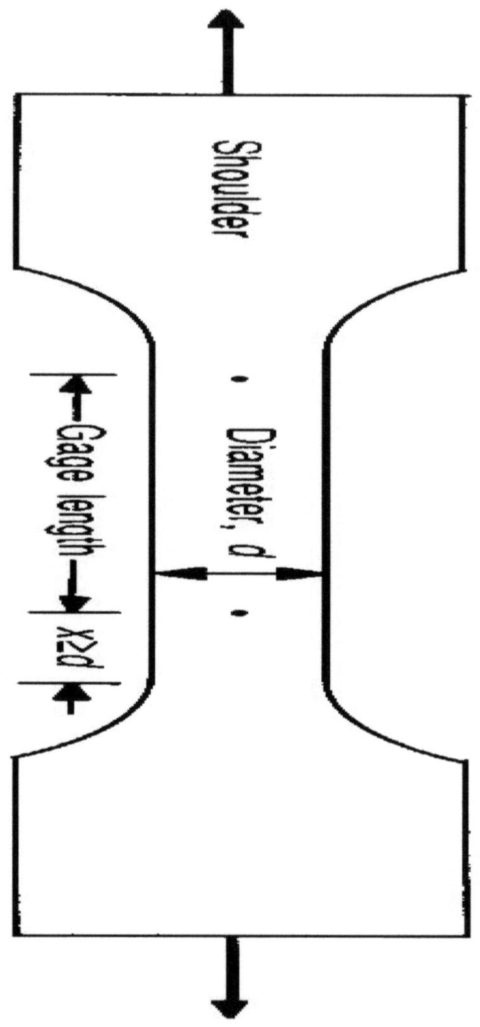

Rysunek 3.1: Typowa próbka rozciągana, o zredukowanym przekroju poprzecznym i powiększonych ramionach. (Adaptacja z W.F. Hosford, Overview of Tensile *Testing,* P. Han, Ed., ASM International, 1992).

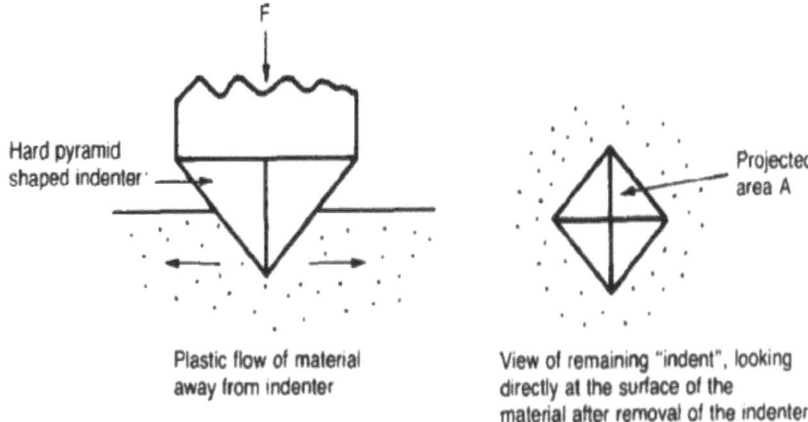

Rys. 3.2. Badanie twardości na granicy plastyczności (Adaptacja z Ashby, F.M i Jones, R. H. Engineering Materials 1: An Introduction to their properties and applications, 2nd Edition; str. 88. Copyright © 1996 by Butter Worth Heinemann, MG Book Ltd, Cornwall, Great Britain).

Rysunek 3.3: Próbka do próby udarności

Rysunek 3.4: Próbka do próby udarności po zniszczeniu

Rysunek 3.5: Próbka do próby rozciągania po zniszczeniu

ROZDZIAŁ 4
WYNIKI I DYSKUSJA

4.1 WYNIKI

Wyniki badań przeprowadzonych na próbkach są przedstawione w poniższych punktach:

4.1. 1C Analiza chemiczna

Wynik analizy chemicznej przeprowadzonej w Universal steel limited w Ikeja, Lagos, ujawniający procentowy skład pierwiastków w próbce, przedstawiono poniżej w tabeli 4.1.

Tabela 4.1: Tabela przedstawiająca wyniki badań składu chemicznego próbek stali

% C %Fe		%Mn	%S	%P	%Si	%Cu
STAL WOŁOWA 0,327	98.171	0.574	0.056	0.077	0.230	0.246
STAL FENIKSOWA 0,391	97.975	0.542	0.059	0.086	0.225	0.284
STAL TYGRYSA 0,488	98.025	0.569	0.045	0.068	0.159	0.235

4.1. 2Badanie skuteczności

Po przeprowadzeniu próby udarności przy użyciu maszyny wytrzymałościowej Housefielda, ilość energii zaabsorbowanej przez każdą z próbek z trzech walcowni stalowych została przedstawiona w tabeli 4.2.

1 **ft-lb** = 1,3558179483314J

Gdzie

ft-lb to foot pound i

J to Joules.

Tabela 4.2: Tabela przedstawiająca wyniki próby udarności

	SIŁA UDERZENIA (1 ft-lb = 1,3558179483314J)	
	W Foots-pound(ft-lb)	**W Joules(J)**
STAL OXILOWA	43.50	58.98
STAL FOENISOWA	41.90	56.81
STAL TYGODNIOWA (TIGER STEEL)	36.95	50.10

4.1.3 Badanie twardości

Używając twardościomierza Brinella do przeprowadzenia próby twardości przy użyciu 10 mm stalowego wgłębnika kulkowego o obciążeniu 750 kg, wykonano wgłębienie na każdej próbce z trzech walcowni. Średnicę wgłębienia wyznaczono za pomocą mikroskopu Brinella. Twardość Brinella obliczono w ten sposób poniżej:

$$\boldsymbol{BHN = \frac{2F}{\pi D[D - \sqrt{(D^2 - d^2)}]}}$$

Próbka z Oxil Steel

Średnica wgłębienia, d = 2,5 mm

$$BHN = \frac{2(10)}{\pi(10)[10 - \sqrt{(10^2 - 2.5^2)}]}$$

$$\boldsymbol{BHN = 150.36}$$

Próbka ze stali Phoenix

Średnica wgłębienia, d = 2,3 mm

$$BHN = \frac{2(10)}{\pi(10)[10 - \sqrt{(10^2 - 2.3^2)}]}$$

$$\boldsymbol{BHN = 178.10}$$

Próbka z Tiger Steel

Średnica wgłębienia, d = 2,1 mm

$$BHN = \frac{2(10)}{\pi(10)[10 - \sqrt{(10^2 - 2.1^2)}]}$$

$$\boldsymbol{BHN = 214.12}$$

Tabela 4.3: Tabela przedstawiająca wynik próby twardości

	Średnica wgniecenia (mm)	**Liczba twardości Brinella (BHN)**
STAL OXILOWA	2.50	150.36
STAL FOENISOWA	2.30	178.10
STAL TYGODNIOWA (TIGER STEEL)	2.10	214.12

4.1. 4Próba rozciągania

Próbki do prób rozciągania zostały poddane próbie rozciągania przy użyciu maszyny wytrzymałościowej firmy Instron, po czym generowany jest wykres naprężenie-odkształcenie dla próbek z każdej z trzech stalowych walcowni. Na podstawie wygenerowanych danych wyznaczane są: ostateczna wytrzymałość na rozciąganie (UTS), granica plastyczności oraz procentowe wydłużenie;

Oryginalna długość szczeliny pomiarowej wynosi 30 mm

Średnica próbek do rozciągania wynosi 4 mm

Obszar, $A = \pi r^2$

$r = \frac{d}{2}$

Gdzie r jest promieniem próbki do rozciągania

d to średnica próbki do rozciągania.

Dlatego, $A = \pi(\frac{4}{2})^2$

Powierzchnia próbek do rozciągania wynosi **12,57 mm2**

Próbka stali woksylowej

Ostateczna wytrzymałość na rozciąganie, UTS = $\frac{\text{Maksymalne obciążenie}}{\text{A}}$

Maksymalne obciążenie (stal Oxil) wynosi 8301,50 N

$$\text{UTS} = \frac{8301.50}{12.57}$$

= 660,61N/(mm)^2

Ostateczna wytrzymałość na rozciąganie (stal Oxil) wynosi około **661 N/(mm)^2**

$$\text{Yield Strength} = \frac{\text{Obciążenie przy plonie}}{\text{A}}$$

Obciążenie przy granicy plastyczności (Oxil Steel) wynosi 5833,09N

$$\text{Granica plastyczności} = \frac{5833.09}{12.57}$$

= 464,18N/(mm)^2

Granica plastyczności (Stal Oxil) wynosi około **464 N/(mm)^2**

$$\text{Procentowe wydłużenie} = \frac{\text{końcowa długość guzika} - \text{Oryginalna długość skrajni}}{\text{oryginalna długość pomiarowa}} \times 100$$

$$= \frac{8.64}{30} \times 100$$

$$= 28.79\%$$

Procentowe wydłużenie (Oxil Steel) wynosi około **29%.**

Próbka stali Phoenix

Ostateczna wytrzymałość na rozciąganie, UTS = $\frac{\text{Maksymalne obciążenie}}{\text{A}}$

Maksymalne obciążenie (stal Phoenix) wynosi 8209,86 N

$$\text{UTS} = \frac{8209.86}{12.57}$$

= 653,32N/(mm)^2

Wytrzymałość na rozciąganie (stal Phoenix) wynosi około **653 N/(mm)^2**

$$\text{Yield Strength} = \frac{\text{Obciążenie przy plonie}}{\text{A}}$$

Obciążenie przy granicy plastyczności (stal Phoenix) wynosi 5668,31N

$$\text{Yield Strength} = \frac{5668.31}{12.57}$$

$$= \mathbf{451{,}07 N/(mm)^2}$$

Granica plastyczności (stal Phoenix) wynosi około **451 N/(mm)²**

$$\text{Procentowe wydłużenie} = \frac{\text{Ostateczny Gadżet Długość} - \text{Oryginał miara Długość}}{\text{Oryginalny miara Długość}} \times 100$$

$$= \frac{8.26}{30} \times 100$$

$$= 27.54\%$$

Procentowe wydłużenie (stal Phoenix) wynosi około **28%.**

Próbka stali tygrysiej

$$\text{Ostateczna wytrzymałość na rozciąganie, UTS} = \frac{\text{Maksymalne obciążenie}}{\text{A}}$$

Maksymalne obciążenie (stal Tiger) wynosi 7935,53 N

$$\text{UTS} = \frac{7935.53}{12.57}$$

$$= \mathbf{631{,}49 N/(mm)^2}$$

Ostateczna wytrzymałość na rozciąganie (stal tygrysa) wynosi około **631 N/(mm)²**

$$\text{Yield Strength} = \frac{\text{Obciążenie przy plonie}}{\text{A}}$$

Obciążenie przy granicy plastyczności (stal Tiger) wynosi 5605,24N.

$$\text{Granica plastyczności} = \frac{5605.24}{12.57}$$

$$= \mathbf{446{,}05 N/(mm)^2}$$

Granica plastyczności (stal Tiger) wynosi około **446 N/(mm)²**

$$\text{Procentowe wydłużenie} = \frac{\text{końcowa długość guzika} - \text{Oryginalna długość skrajni}}{\text{oryginalna długość pomiarowa}} \times 100$$

$$= \frac{8.35}{30} \times 100$$

$$= 27.83\%$$

Procentowe wydłużenie (stal Tiger) wynosi około **28%.**

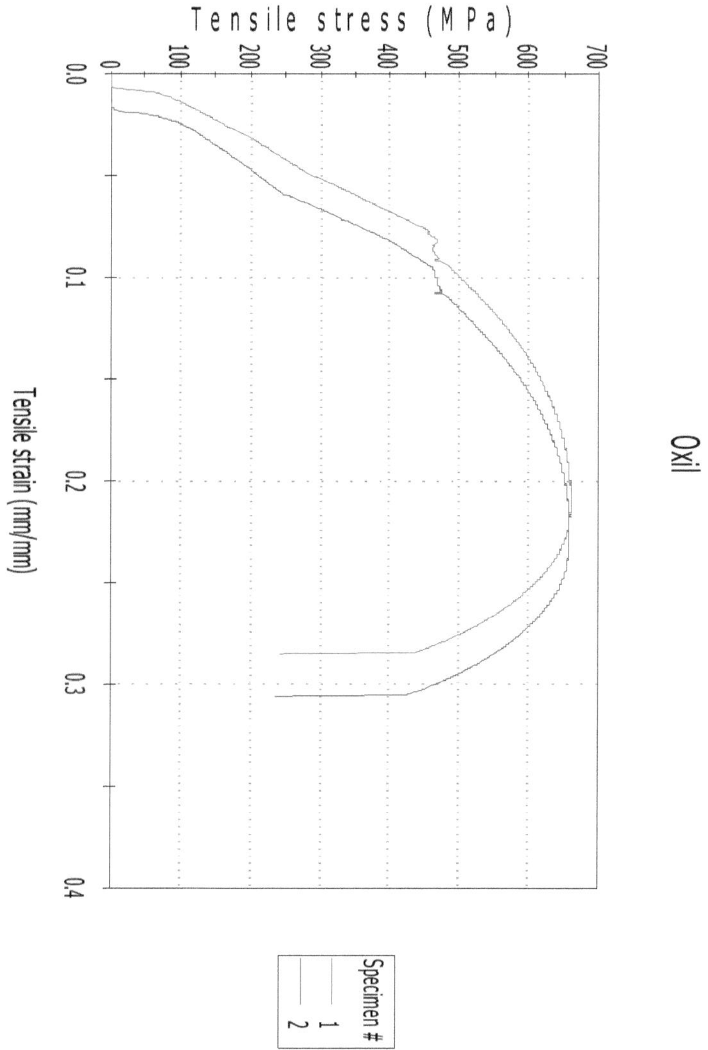

Rysunek 4.1: Krzywa odkształcenia naprężeniowego dla próbki stali Oxil

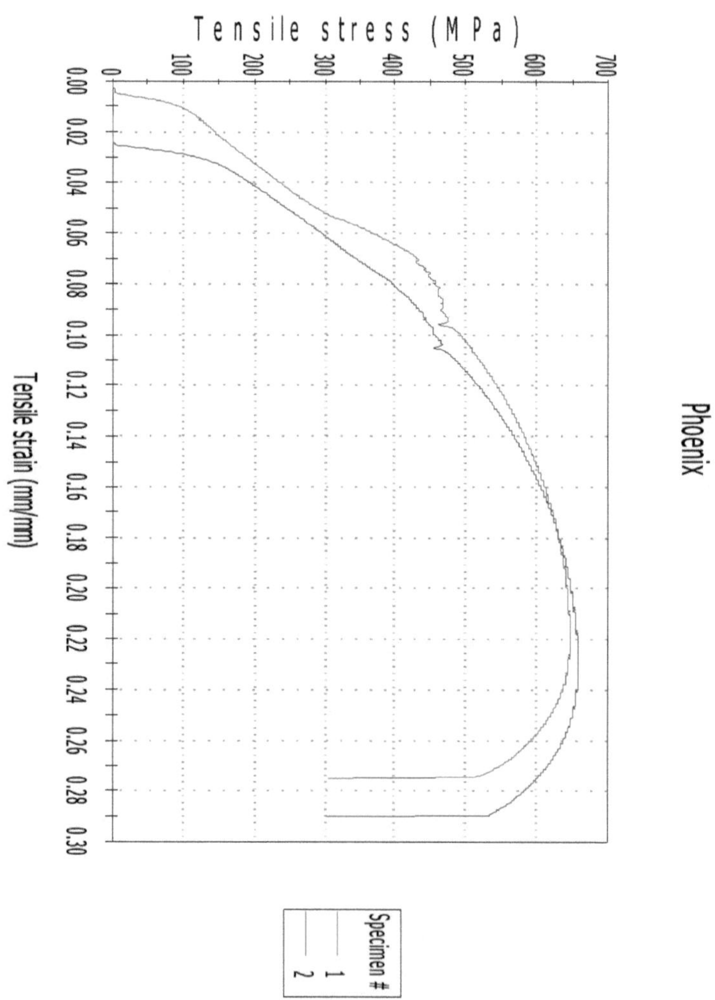

Rysunek 4.2: Krzywa odkształcenia naprężeniowego dla próbki stali Phoenix

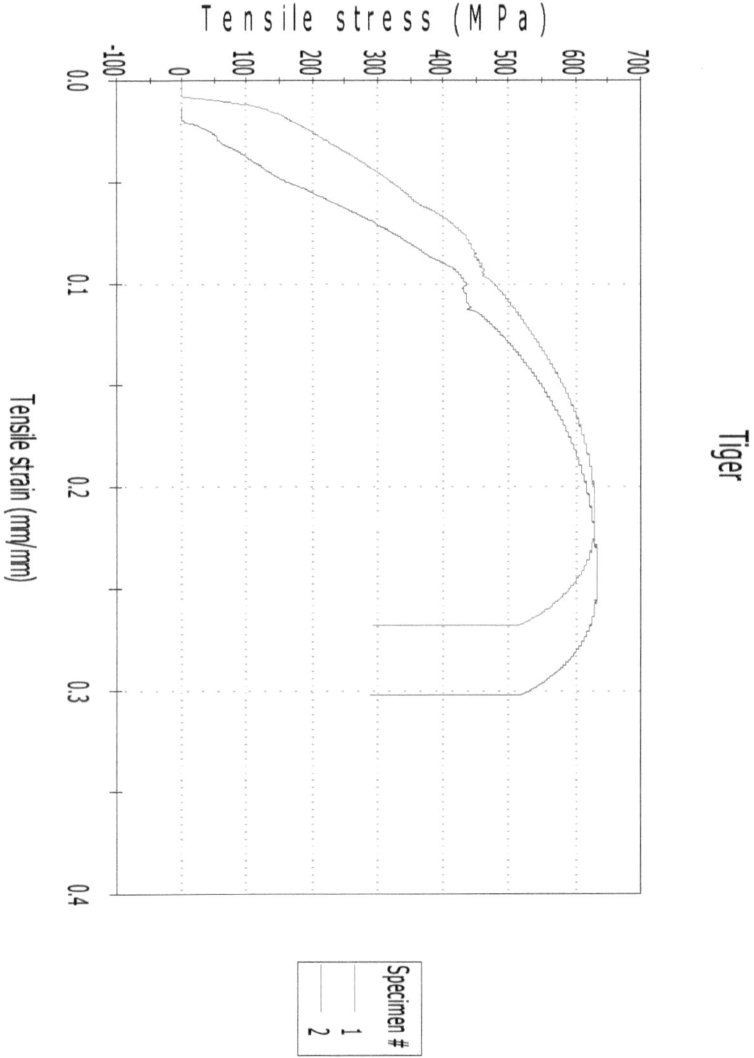

Rysunek 4.3: Krzywa odkształcenia naprężeniowego dla próbki stali Tiger

4.1.5 Charakterystyka mikrostrukturalna

Próbki z trzech walcowni poddano obserwacji pod mikroskopem metalurgicznym w laboratorium po ich zeszlifowaniu i wypolerowaniu. Wyniki przedstawiono na rysunkach 4.4 - 4.6 poniżej:

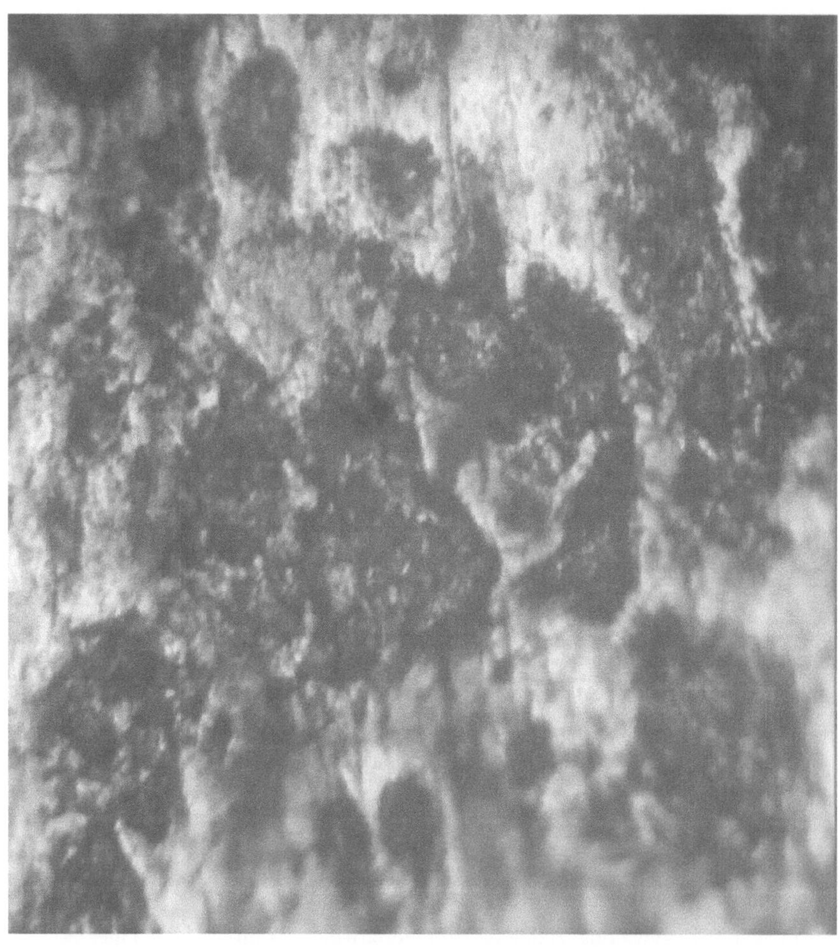

Ciemne plamy-Pearlit Ziarno

Powierzchnie świetlne - Matryca ferrytowa

Rysunek 4.4: Mikrostruktura próbki stali Oxil (X600) z dodatkiem NITAL jako Etchant

Ciemne plamy-Pearlit Ziarno

Powierzchnie świetlne - Matryca ferrytowa

Rysunek 4.5: Mikrostruktura próbki stali Phoenix (X600) z NITALem jako wytrawiaczem

Ciemne plamy-Pearlit Ziarno

Powierzchnie świetlne - Matryca ferrytowa

Rysunek 4.6: Mikrostruktura próbki stali Tiger (X600) z NITALEM jako wytrawiaczem

4. 2DISCUSJA

Na podstawie wyników uzyskanych z testów przeprowadzono następujące analizy i dyskusje.

4.2. 1C Analiza chemiczna

Skład pierwiastków w próbkach stali Oxil, stali Phoenix i stali Tiger, zaobserwowany na podstawie wyników przeprowadzonej analizy chemicznej, ujawnił różnice w odsetku pierwiastków w tych trzech próbkach. Procentowa zawartość węgla w próbce stali Oxil jest najmniejsza (0,327%). Nieco wyższa jest próbka stali Phoenix (0,391%), natomiast najwyższa jest próbka stali Tiger (0,488%).

Porównując te wartości z zastosowanymi normami (normy ASTM A706, Nst 65-Mn i BS 4449 z 1997 r.), widać, że te trzy próbki mają wyższe wartości niż wszystkie trzy normy, z wyjątkiem próbki stali Oxil, która spełnia normy ASTM A706 i Nst 65-Mn. Próbka stali Phoenix wykazuje największe odchylenie od norm, ponieważ jej procentowy udział węgla jest znacznie wyższy niż któregokolwiek z nich.

Biorąc pod uwagę zawartość siarki i fosforu, tylko próbka stali Tiger mieści się w jednej z trzech norm, ponieważ próbki stali Oxil i Phoenix nie są zgodne z żadną z nich. Biorąc pod uwagę zawartość krzemu, wszystkie próbki są zgodne z normą, z wyjątkiem próbki stali Tiger o najmniejszej zawartości krzemu (0,159 %).

Tabela 4.4: Tabela przedstawiająca porównanie składu chemicznego próbek z normami

%C	%Fe	%Mn	%S	%P	%Si	%Cu
BS 4449, 1997 0,25	NIE DOTYCZY	NIE DOTYCZY	0.05	0.05	NIE DOTYCZY	NIE DOTYCZY
ASTM A706 0,3	NIE DOTYCZY	1.5	0.045	0.035	0.5	NIE DOTYCZY
Nst 65-Mn 0,35	NIE DOTYCZY	1.6	0.04	0.04	0.3	0.025
STAL WOŁOWA 0,327	**98.171**	**0.574**	**0.056**	**0.077**	**0.230**	**0.246**
STAL FENIKSOWA 0,391	**97.975**	**0.542**	**0.059**	**0.086**	**0.225**	**0.284**
STAL TYGRYSA 0,488	**98.025**	**0.569**	**0.045**	**0.068**	**0.159**	**0.235**

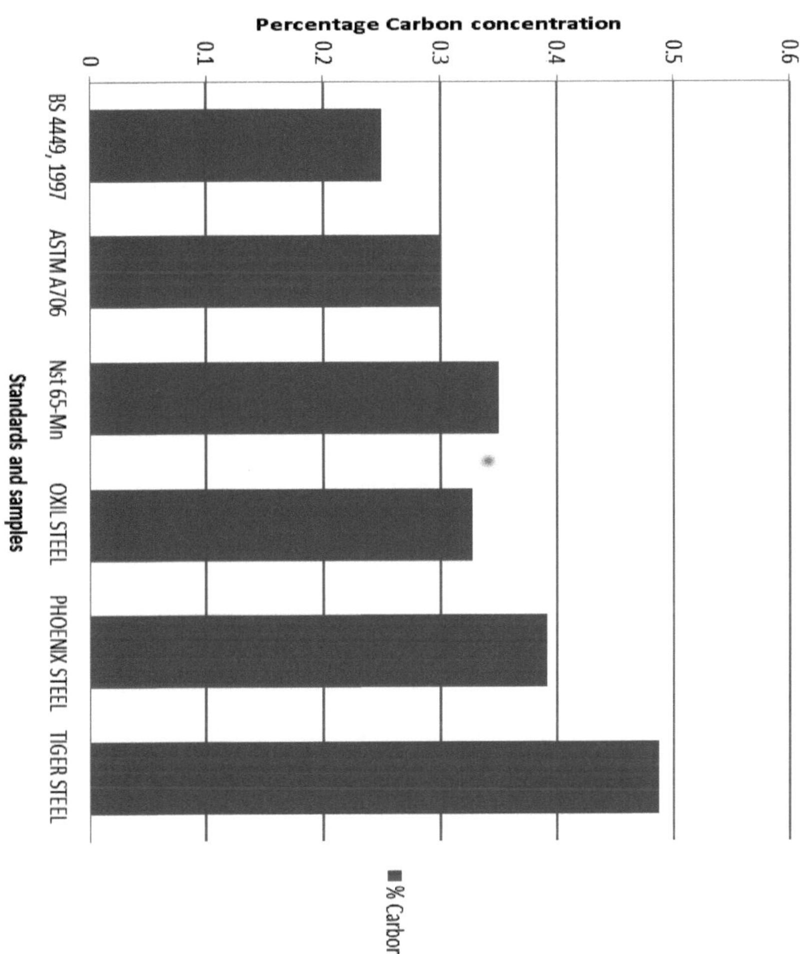

Rysunek 4.7: Wykres przedstawiający procentową zawartość węgla w normach i próbkach stali Oxil, stali Phoenix i stali Tiger

4.2. 2Badanie skuteczności

Z wyników próby udarności wynika, że próbka stali Oxil ma udarność 58,98J, próbka stali Phoenix ma udarność 56,81J, natomiast próbka stali Tiger ma udarność 50,10J. Na podstawie tych wyników, próbka stali Tiger ma najmniejszą energię uderzenia, a następnie Phoenix próbki stali, podczas gdy próbka o największej energii uderzenia jest to, że ze stali Oxil. Oznacza to, że próbka stali Oxil pochłania energię podczas pęknięcia (wytrzymuje więcej obciążenia udarowego) w porównaniu do dwóch pozostałych próbek.

4.2.3 Badanie twardości

Wynik testu twardości pokazuje, że próbka stali Oxil ma 150 BHN, próbka stali Phoenix ma 178 BHN, podczas gdy próbka stali Tiger ma 214 BHN. Dlatego też, próbka stali Tiger ma najwyższą wartość twardości, podczas gdy próbka stali Oxil ma najmniejszą wartość twardości. Wyniki te są wzmocnione przez procentową zawartość węgla w próbkach, to znaczy, im wyższa zawartość węgla tym twardszy materiał.

Porównując wyniki z normami, próbki stali Oxil i Phoenix są zgodne z dwiema normami (ASTM A706 i Nst 65-Mn), ale próbka stali Tiger nie jest zgodna z żadną z norm, ponieważ jej twardość jest wyższa od wartości standardowych.

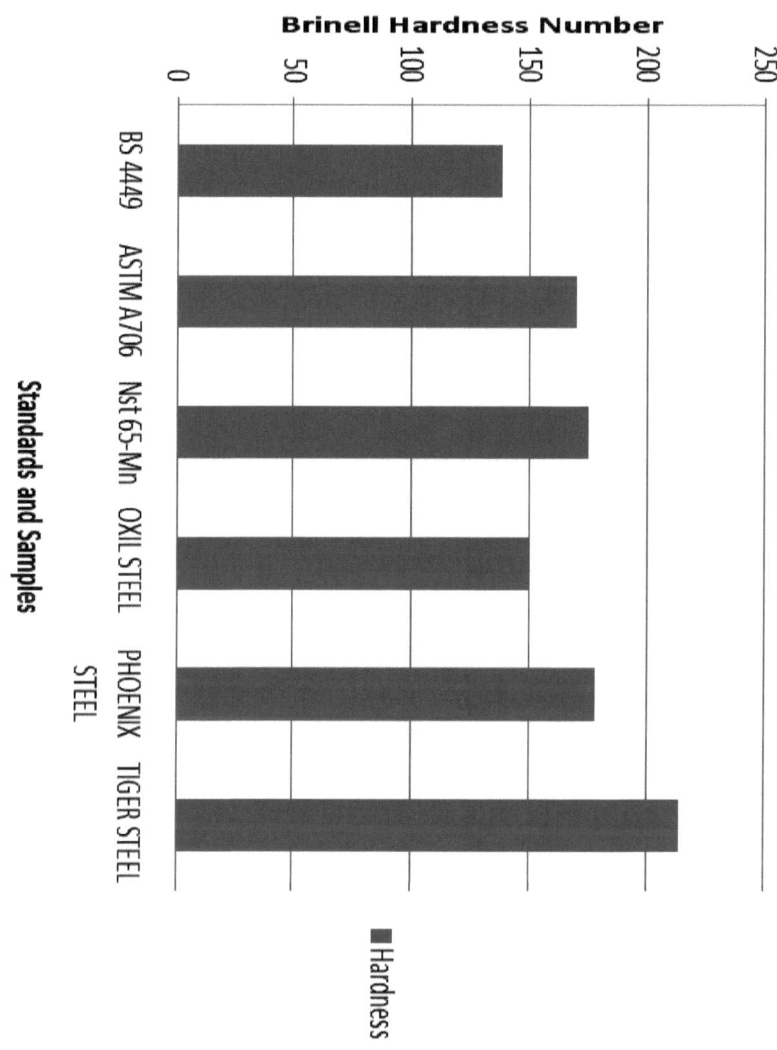

Rysunek 4.8 Wykres przedstawiający twardość Brinella próbek stali oksylenowanej, stali Phoenix i stali Tiger w porównaniu z normami

4.2. 4Próba rozciągania

Na podstawie wyników uzyskanych w próbie rozciągania próbek stali Oxil, stali Phoenix i stali Tiger, uzyskano ostateczną wytrzymałość na rozciąganie (UTS), granicę plastyczności oraz procentowe wydłużenie. UTS dla próbki stali Oxil wynosi 661 N/(mm)^2, UTS dla próbki stali Phoenix wynosi 653 N/(mm)^2, a UTS dla próbki stali Tiger wynosi 631 N/(mm)^2. Porównując UTS próbek z wzorcami, można zauważyć, że wszystkie próbki mieszczą się w normach, a żadna z nich nie znajduje się poniżej norm.

Biorąc pod uwagę granicę plastyczności próbek, wyniki pokazują, że granica plastyczności próbki stali Oxil wynosi 464 N/(mm)^2, granica plastyczności próbki stali Phoenix wynosi 451 N/(mm)^2, a granica plastyczności próbki stali Tiger wynosi 446 N/(mm)^2. Porównując te wartości z normami, wszystkie próbki mieszczą się w normach, z wyjątkiem norm BS 4449 z 1997 r., w których wszystkie próbki spadły poniżej ich wartości norm.

Z wyników wynika, że wszystkie próbki mają wysokie wartości wytrzymałości na rozciąganie (UTS) i granicy plastyczności, co oznacza wysoką plastyczność i wytrzymałość.

Biorąc pod uwagę procentowe wydłużenie próbek, wyniki pokazują, że procentowe wydłużenie próbki stali Oxil wynosi 29%, procentowe wydłużenie próbki stali Phoenix wynosi 28%, natomiast procentowe wydłużenie próbki stali Tiger wynosi 28%. Porównując te wartości z normami, widać, że procentowe wydłużenie próbek jest wyższe niż normy.

Wysokie wartości procentowego wydłużenia próbek pokazują, że istnieje duży stopień, w jakim próbki stali mogą być wydłużone zanim w końcu pęknie, więc mówi się, że są plastyczne. Potwierdzają to ich wysokie wartości wytrzymałości na rozciąganie i granicy plastyczności.

4.2.5 Charakterystyka mikrostrukturalna

Z mikrostruktury próbek przedstawionych na rysunkach 4.4 - 4.6 wynika, że mikrostruktura próbki stali Oxil ma grube ziarna perlitu w matrycy ferrytowej, mikrostruktura próbki stali Phoenix ma drobne (małe) ziarna perlitu, podczas gdy mikrostruktura próbki stali Tiger ujawnia drobniejsze (mniejsze) ziarna perlitu osadzone w matrycy ferrytowej.

Grube ziarna perlitu znajdujące się w mikrostrukturze próbki stali Oxil potwierdzają fakt, że ma ona najmniejszą procentową zawartość węgla, co czyni ją najmniej twardą z trzech próbek stali. Grube ziarna powstały w wyniku powolnego schładzania, co pozwala na znaczny wzrost ziaren do dużych rozmiarów. Przeciwnie, drobne ziarna perlitu w mikrostrukturze próbki stali Tiger potwierdzają fakt, że ma ona najwyższą procentową zawartość węgla, co czyni ją najtwardszą z trzech próbek stali. Drobne cząstki powstają w wyniku szybszego chłodzenia, co pozwala na skrócenie czasu wzrostu ziaren do większych rozmiarów.

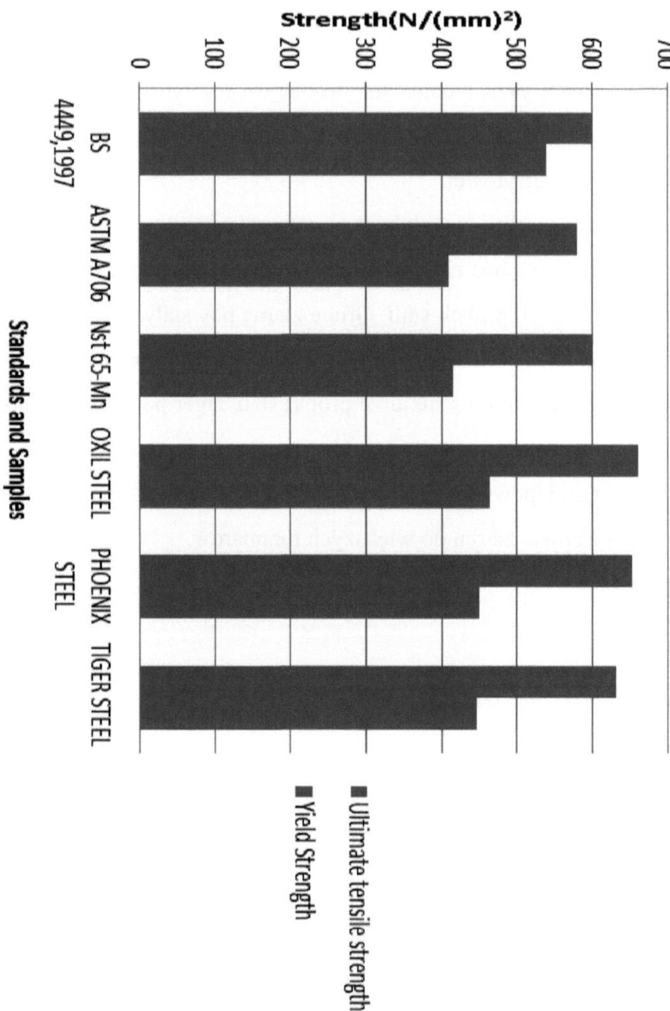

Rysunek 4.9 Wykres przedstawiający ostateczną wytrzymałość na rozciąganie i granicę plastyczności norm i stali Oxil, stali Phoenix oraz ampułek Tiger s

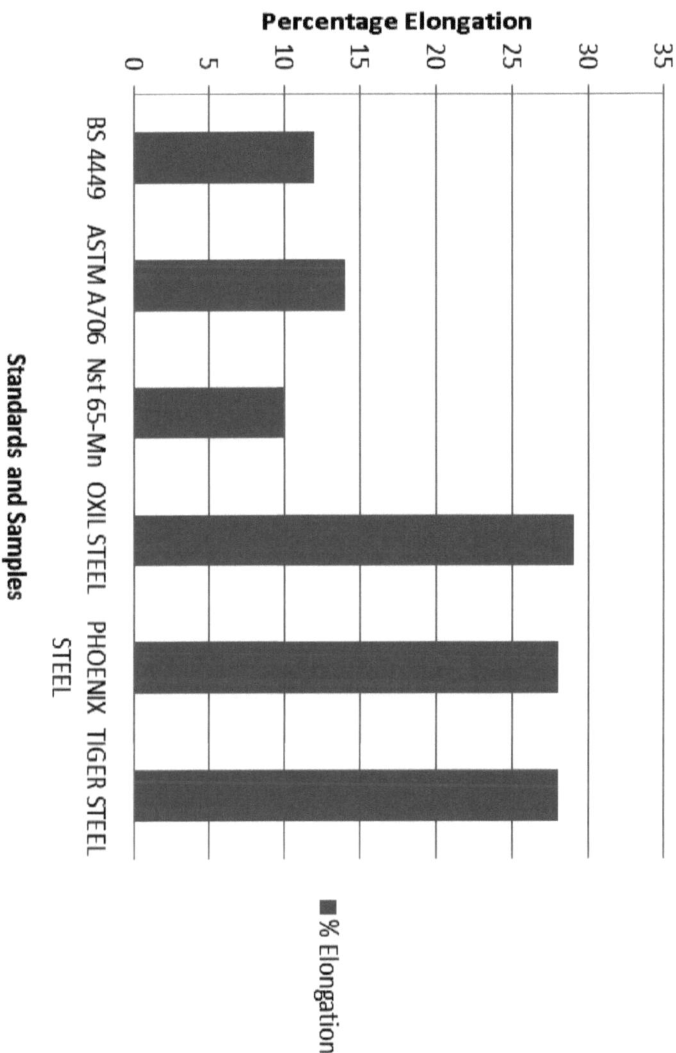

Rysunek 4.10: Wykres przedstawiający procentowe wydłużenie próbek stali Oxil, stali Phoenix i stali Tiger w porównaniu z normami

Tabela 4.5: Porównanie wyników badań mechanicznych

	Ultimate Tensile Stress (UTS) (N/(mm)^2)	**Granica plastyczności (N/(mm)^2)**	**Procentowe wydłużenie**	**Twardość (BHN)**	**Wytrzymałość na uderzenia**
ASTM A706	580	410	14	170	Niedostępne
BS 4449, 1997	600	540	12	138	Niedostępne
Nst 65-Mn	600	415	10	175	Niedostępne
STAL OXILOWA	**661**	**464**	**29**	**150**	**58.98**
STAL FOENISOWA	**653**	**451**	**28**	**178**	**56.81**
STAL TYGODNIOWA (TIGER STEEL)	**631**	**446**	**28**	**214**	**50.10**

ROZDZIAŁ 5

WNIOSKI I ZALECENIA

5.1 WŁĄCZENIE S

Z wyników przeprowadzonych testów mechanicznych wynika, że wszystkie badane próbki z przemysłu stalowego są zgodne z większością norm, z wyjątkiem próbki stali Tiger, która ze względu na wysoką zawartość procentową węgla (0,488%) ma bardzo wysoką wartość twardości w porównaniu z normami. Biorąc pod uwagę ostateczną wytrzymałość na rozciąganie, granicę plastyczności i wydłużenie procentowe, które są bardzo istotnymi właściwościami w zastosowaniach inżynieryjnych, wszystkie próbki są odpowiednie i zgodne z normami.

W zależności od rodzaju zastosowania, stale te będą poddawane, ich właściwości mogą być maksymalizowane. W przypadku zastosowań wymagających wysokiej wartości twardości, najbardziej odpowiednia będzie stal Tiger, natomiast w przypadku zastosowań wymagających wysokiej plastyczności i nośności, np. w belkach i słupach w budynkach, najbardziej odpowiednia będzie stal Oxil.

5.2 ZALECENIA S

Produkcja wysokiej jakości stali węglowej jest bardzo istotna, a ze względu na fakt, że w Nigerii istnieje wiele zakładów walcowniczych, szczególnie w tym kraju, istnieje potrzeba sprawnej i skutecznej kontroli jakości, tak aby w kraju nie było w obiegu wyrobów stalowych niespełniających norm. W związku z tym zalecam, aby położyć duży nacisk na zgodność produkowanej stali ze standardami, stosując podejście całościowe, jak przedstawiono w tej pracy, które zapewni przeprowadzenie zaokrąglonej oceny próbek.

Ponadto organy regulacyjne w zakładach walcowniczych powinny przeprowadzać regularne inspekcje w celu zapewnienia, że nadal przestrzegają one norm, ponieważ jeśli inspekcje są rzadkie, istnieje możliwość, że po pewnym czasie mogą one odbiegać od norm.

Walcownie powinny również bardziej otworzyć swoje drzwi dla naukowców, aby uzyskać próbki swoich produktów, tak aby móc przeprowadzić kontrolę jakości swoich próbek stali i opracować środki, dzięki którym można by poprawić jakość tych stali. W ten sposób można rzeczywiście zapewnić jakość w produkcji stali węglowych.

REFERENCJE

Al-Qawababah, S.M.A., Nabeel, A., & Al-Qawabeha, U.F. (2012), "Effect of Temperatura wyżarzania na mikrostrukturze, mikrotwardość, zachowanie mechaniczne i udarność stali niskowęglowej, gatunek 45", International Journal of Engineering Research and Applications 2(3), 1550-1553.

Ashby, F.M i Jones, R. H. (1996). "Materiały inżynieryjne 1: Wprowadzenie do their Properties and Applications", 2nd Edition; Butter Worth Heinemann, MG Book Ltd, Cornwall, Wielka Brytania.

ASTM International (2004). "Próba rozciągania". Wydanie drugie (#05106G), s. 3. przez ASM

International, Materials Park, Ohio, USA.

Podstawowa symulacja produkcji stali tlenowej, wersja 1.36 Przewodnik użytkownika stal

uniwersytet.org, 2014-05-24

Callister, William D. Jr. (2007). "Material Science and Engineering. An Introduction". 7th Edition; John Wiley and Sons Inc., New York

Dawit. Bogale i Ermias G. Kidan (2013). "Low Carbon Steel Characterization w ramach Quasi-Static Strain Rate for Bumper Beam Application". International Journal of Research in Mechanical Engineering, Volume 1, Issue 2, pp. 91-99.

Dieter, G.E. (1988). Mechanical Metallurgy (SI Metric Edition). Mc Graw - Hill Book Company, Singapur.

Ebbe Almqvist (2002). Historia gazów przemysłowych (wydanie 1). Springer.p.165. JESTBN 0-306-47277-5.

Hosford, W.F. (1992). Overview of Tensile Testing", P. Han, Ed., ASM International , str. 1-24.

Jaypuria, S. K. (2009). "Obróbka cieplna stali niskowęglowej". Niepublikowane B. Tech

Teza, Wydział Inżynierii Mechanicznej, Narodowy Instytut Technologii Rourkela, Indie, s. 9

Kelley, M. Augustus., (1968). "Basic Oxygen Steel making simulation". W Żelazie *i*

Stal w rewolucji przemysłowej: T.S. Ashton, Nowy Jork, wersja 1.36 Podręcznik użytkownika, Uniwersytet Stalowy.org, dostęp: 2014-05-24

McGannon, Harold E. (1971). The Making, Shaping and Treating of Steel: Dziewiąta Edycja. Pittsburg, Pennsylwania: United States Steel Corporation. str. 486

O'Neill H. (1967). "Pomiar twardości metali i stopów", wydanie 2. Chapman i Hall

Osarenmwinda, J.O. & Amuchi, E.C. (2013), "Ocena jakości w handlu". Available Reinforced Steel Rods in Nigeria Markets", Journal of Emerging Trends in Engineering and Applied Sciences © Scholarlink Research Institute Journals (ISSN: 2141-7016) jeteas.scholarlinkresearch.org, str. 562-565

Smallman, R.E. and Bishop, R.J. (1999). "Modern Physical Metallurgy and Inżynieria materiałowa; nauka, procesy i zastosowania". Wydanie szóste. Butterworth- Heinemann, Linacre House, Jordan Hill, Oxford OX2 8DP, A division of Reed Educational and Professional Publishing Ltd. (Oddział Reed Educational and Professional Publishing Ltd.).

Smith, W.F. & Hashemi, J. (2006). "Foundations of Materials Science and Inżynieria", wydanie 4. McGraw-Hill.

DODATKI

Universal Steels Limited
Elements concentration report

PrintNo 01018914

Program	Low Alloy Steel31	PrintTy	StdCon
SamDepa		Operato	Manager
SamName	OXIL STEEL	OperTim	12/02/2015 1:41:41 PM
SamPatc		SamType	
SurrCon		Memo	

No. \Elem	1	Avg	ASD	RSD
C	0. 327	0. 3270		
Si	0. 230	0. 2300		
Mn	0. 574	0. 5740		
S	0. 056	0. 0560		
P	0. 077	0. 0770		
Cr	0. 135	0. 1350		
Ni#1	0. 130	0. 1300		
Cu#1	0. 246	0. 2460		
Nb	<0. 0001	0. 0001		
Al#1	0. 047	0. 0470		
B	<0. 0001	0. 0001		
W	<0. 0001	0. 0001		
Mo	<0. 0001	0. 0001		
V	<0. 0001	0. 0001		
Ti	0. 007	0. 0070		
Fe	98. 171	98. 1710		

Universal Steels Limited
Elements concentration report

PrintNo 01018915

Program	Low Alloy Steel31	PrintTy	StdCon
SamDepa		Operato	Manager
SamName	PHONIX STEEL	OperTim	12/02/2015 1:46:47 PM
SamPatc		SamType	
SurrCon		Memo	

No. \Elem	1	Avg	ASD	RSD
C	0. 391	0. 3910		
Si	0. 225	0. 2250		
Mn	0. 542	0. 5420		
S	0. 059	0. 0590		
P	0. 086	0. 0860		
Cr	0. 239	0. 2390		
Ni#1	0. 147	0. 1470		
Cu#1	0. 284	0. 2840		
Nb	<0. 0001	0. 0001		
Al#1	0. 045	0. 0450		
B	<0. 0001	0. 0001		
W	<0. 0001	0. 0001		
Mo	<0. 0001	0. 0001		
V	<0. 0001	0. 0001		
Ti	0. 007	0. 0070		
Fe	97. 975	97. 9750		

Universal Steels Limited
Elements concentration report

PrintNo 01018913

Program	Low Alloy Steel31	PrintTy	StdCon
SamDepa		Operato	Manager
SamName	TIGER STEEL	OperTim	12/02/2015 1:38:46 PM
SamPatc		SamType	
SurrCon		Memo	

No. \Elem	1	Avg	ASD	RSD
C	0.488	0.4880		
Si	0.159	0.1590		
Mn	0.569	0.5690		
S	0.045	0.0450		
P	0.068	0.0680		
Cr	0.242	0.2420		
Ni#1	0.117	0.1170		
Cu#1	0.235	0.2350		
Nb	<0.0001	0.0001		
Al#1	0.046	0.0460		
B	<0.0001	0.0001		
W	<0.0001	0.0001		
Mo	<0.0001	0.0001		
V	<0.0001	0.0001		
Ti	0.006	0.0060		
Fe	98.025	98.0250		

WYNIKI PRÓBY ROZCIĄGANIA DLA PRÓBEK STALI TLENOWEJ

	Długość (mm)	Średnica (mm)	Maksymalne naprężenie rozciągające (MPa)	Naprężenie rozciągając e przy zerwaniu (Standard) (MPa)
1	30.00000	4.00000	661.39308	431.64997
2	30.00000	4.00000	659.83180	421.67570

	Obciążenie przy maksymalnym naprężeniu rozciągającym (N)	Naprężenie rozciągające przy maksymalnym naprężeniu rozciągającym (mm/mm)	Wydłużenie przy maksymalnym naprężeniu rozciągającym (mm)	Energia przy maksymaln ym naprężeniu rozciągając ym (J)
1	8311.31041	0.20806	6.24181	35.59184
2	8291.69080	0.21140	6.34194	36.33406

	Obciążenie przy pęknięciu (standard) (N)	Naprężenie rozciągające przy zerwaniu (standard) (mm/mm)	Przedłużenie przy zerwaniu (standard) (mm)	Energia w momencie przerwania (standard) (J)
1	5424.27339	0.28472	8.54156	52.84461
2	5298.93301	0.29112	8.73362	54.16838

	Naprężenie rozciągające przy Yield (zerowe nachylenie) (MPa)	Obciążenie przy uzysku (Zerowe nachylenie) (N)	Moduł (E-moduł) (MPa)
1	468.56268	5888.13229	17779.44336
2	459.80182	5778.04008	15204.09241

WYNIK PRÓBY ROZCIĄGANIA DLA PRÓBEK STALI FENIKSA

	Długość (mm)	Średnica (mm)	Maksymalne naprężenie rozciągające (MPa)	Energia przy maksymal nym naprężeniu rozciągają cym (J)
1	30.00000	4.00000	647.83669	37.80824
2	30.00000	4.00000	658.80312	38.14847

	Obciążenie przy maksymalnym naprężeniu rozciągającym (N)	Naprężenie rozciągające przy maksymalnym naprężeniu rozciągającym (mm/mm)	Wydłużenie przy maksymalnym naprężeniu rozciągającym (mm)	Naprężeni e rozciągają ce przy zerwaniu (Standard) (MPa)
1	8140.95587	0.21917	6.57512	507.70949
2	8278.76404	0.21862	6.55850	529.22826

	Obciążenie przy pęknięciu (standard) (N)	Naprężenie rozciągające przy zerwaniu (standard) (mm/mm)	Przedłużenie przy zerwaniu (standard) (mm)	Energia w momencie przerwania (standard) (J)
1	6380.06553	0.27473	8.24194	50.63306
2	6650.47839	0.27612	8.28369	51.64813

	Obciążenie przy uzysku (Zerowe nachylenie) (N)	Moduł (E-moduł) (MPa)	Naprężenie rozciągające przy Yield (zerowe nachylenie) (MPa)
1	5676.67596	19958.73566	451.73552
2	5659.94296	23980.43060	450.40395

WYNIK PRÓBY ROZCIĄGANIA DLA PRÓBEK STALI TYGRYSIEJ

	Długość (mm)	Średnica (mm)	Maksymalne naprężenie rozciągające (MPa)	Naprężenie rozciągające przy zerwaniu (Standard) (MPa)
1	30.00000	4.00000	629.94901	513.49891
2	30.00000	4.00000	633.03024	517.75200

	Obciążenie przy maksymalnym naprężeniu rozciągającym (N)	Naprężenie rozciągające przy maksymalnym naprężeniu rozciągającym (mm/mm)	Wydłużenie przy maksymalnym naprężeniu rozciągającym (mm)	Energia przy maksymalnym naprężeniu rozciągającym (J)
1	7916.17259	0.21417	6.42506	35.97989
2	7954.89252	0.23250	6.97512	37.98721

	Obciążenie przy pęknięciu (standard) (N)	Naprężenie rozciągające przy zerwaniu (standard) (mm/mm)	Przedłużenie przy zerwaniu (standard) (mm)	Energia w momencie przerwani a (standard) (J)
1	6452.81747	0.26807	8.04206	48.13761
2	6506.26346	0.28860	8.65800	50.72021

	Obciążenie przy uzysku (Zerowe nachylenie) (N)	Moduł (E-moduł) (MPa)	Naprężenie rozciągające przy Yield (zerowe nachylenie) (MPa)
1	5679.39897	21849.93286	451.95221
	5531.07697	7458.00934	440.14912

Printed by Books on Demand GmbH, Norderstedt / Germany